彩图 1-1　上衣原型

彩图 1-2　长款女衬衫

彩图 1-3　波浪袖小衫

彩图 1-4　荡领小衫

彩图 1-5　加片荡领小衫

彩图 1-6　高领小衫

彩图 1-7　领口抽碎褶小衫

彩图 1-8　西装领外套

彩图 1-9　中袖短外套

彩图 1-10　波浪门襟外套

彩图 1-11　层叠门襟外套

彩图 1-12　波浪领小衫

彩图 1-13　平翻领外套

彩图 1-14　翘肩短外套

彩图 1-15　圆领外套

彩图 1-16　假西装领外套

彩图 1-17　斜门襟军装风外套

彩图 1-18　牛仔外套

彩图 1-19　不对称领大衣

彩图 1-20　连帽抽绳风衣

彩图 1-21　插肩袖大衣

彩图 1-22　抽褶翻领外套

彩图 1-23　弧形分割外套

彩图 2-1　裤原型

彩图 2-2　铅笔裤　　　　　　彩图 2-3　小直筒裤　　　　　　彩图 2-4　中直筒裤

彩图 2-5　喇叭裤　　　　　　彩图 2-6　灯笼裤　　　　　　　彩图 2-7　哈伦裤

彩图 2-8　短裤

彩图 2-9　高腰裤

彩图 2-10　连身裤款式一

彩图 2-11　连身裤款式二

彩图 2-12　牛仔铅笔裤

彩图 2-13　裙裤

彩图 3-1　裙原型

彩图 3-2　时尚西装裙

彩图 3-3　休闲百褶裙

彩图 3-4　蝴蝶结波浪裙

彩图 3-5　分割百褶裙

彩图 3-6　分割波浪鱼尾裙

彩图 3-7　分割波浪大摆裙

彩图 3-8　休闲大摆裙

彩图 3-9　背心裙

彩图 3-10　腰部抽绳连衣裙

彩图 3-11　荡领连衣裙

彩图 3-12　花苞型连衣裙

纺织服装高等教育"十二五"部委级规划教材

新编女装款式与结构设计

范聚红 编著

东华大学出版社

图书在版编目（CIP）数据

新编女装款式与结构设计／范聚红编著．—上海：东华大学出版社，2013.5
ISBN 978—7—5669—0266—5

Ⅰ．①新…Ⅱ.①范…　Ⅲ.①女服—服装设计　Ⅳ.① TS941.717

中国版本图书馆 CIP 数据核字（2013）第 097675 号

新编女装款式与结构设计
编著 / 范聚红
责任编辑 / 库东方
封面设计 / 李品昌
出版发行/东华大学出版社
　　　　　上海市延安西路 1882 号
　　　　　邮政编码：200051
出版社网址 / www.dhupress.net
天猫旗舰店 / dhdx.tmall.com
经销 / 全国新华书店
印刷 / 上海市崇明县裕安印刷厂印刷
开本 / 889×1194　1/16
印张 / 8　　字数 / 282千字
版次 / 2013 年 5 月第 1 版
印次 / 2013 年 5 月第 1 次印刷
书号 / ISBN 978-7-5669-0266-5/TS・398
定价 / 29.80 元

前　言

　　款式设计、结构设计、工艺制作是服装成型过程中的三大知识板块，这三大板块同时也是服装专业学生学习的三大知识体系，任何一件服装从图纸到成品都需要经历这三个模块的组合才能完成，所以说这三个模块是相辅相成，紧密相连的。

　　此书包含上衣、裤子、裙子三个章节，汇集了三个品种当中较为经典的款式和当下流行的一些时尚造型，较为全面地展现了不同结构的设计方法。每一个款式都配有着装效果图和平面款式图的绘制，与款式图同时出现的有结构图的绘制，同时配有使用面料和工艺要点的说明，旨在为学习者提供一本集效果图绘制、结构图分析、适用面料分析及工艺制作方法要点解读的综合型教材，以缩短大家查找不同种类书籍的时间，同时给大家提供一个连贯的学习过程。

　　此书在编写的过程中，得到了很多人的帮助和支持，尤其是在插图绘制过程中，伍海凤、刘中原、范薇雅、栗佩做了大量的工作，在此向他们表示衷心的感谢！

　　由于本书涉及到的专业知识点较多，编者水平及时间有限，书中纰漏之处在所难免。恳请读者批评指正。

范聚红

2013 年 1 月

Contents 目录

Contents

目录

Contents 目录

Contents 目录

第一章　上衣

一、女上衣的分类

上衣是人们日常生活中重要的服装,上衣的品种、款式繁多,多用来和裤子、裙子搭配穿用。女上衣的分类形式有很多种,常用的分类方法有:

1. 按穿着季节分类

（1）夏季小衫

此类服装多采用丝、麻、棉、纱、雪纺等轻薄柔软的面料制作,穿起来凉爽舒适。

（2）春秋外套

由于春秋季节的温度有一定的相同,所以出现了可以在春秋两季穿着的外套。此类服装多设计有里子,既能保型,又能起到保暖的作用,多和小衫、吊带衫、毛衫等服装搭配穿用。

（3）秋冬风衣、大衣

秋季气温逐渐变低,经常有寒风侵袭,风衣和大衣是这个阶段最好的御寒服装。此类服装因保暖需要,衣长一般在大腿中部至小腿中部,多以呢类、毛纺类面料为主,和外套一样,有里子的设计。

（4）冬季棉衣、羽绒服

冬季气温十分寒冷,为了御寒,需要在服装的夹层增加内胆,根据内胆所使用的材料不同,可分为棉衣,羽绒服等。此类服装有很强的保暖性。

2. 按造型分类

（1）紧身型

服装和人体之间的空隙度很小,紧紧地包裹住人体,能充分展现人体的曲线美,此类服装适合使用有弹力的面料制作。

（2）合体型

服装和人体之间有一定的空隙度,各部位都有很好的贴服感,能起到修饰和美化人体的作用。

（3）松身型

服装和人体之间有较大的空隙度,服装穿起来宽大飘逸,能对人体不理想的部位起到掩饰和遮盖的作用。

（4）综合型

通常是紧身型和松身型相组合,造型丰富多样,形成松紧对比的视觉效果。

二、女上衣廓形概述

1. 女上衣廓形演变及分类

服装外轮廓造型主要是指服装的轮廓剪影,在服装整体设计中造型设计属于首要的地位。服装的外轮廓剪影可归纳成 A、H、X、T 四个基本型。在基本型基础上稍作变化修饰又可产生出多种的变化造型来,以 A 形为基础能变化出帐篷形、喇叭形等造型,对 H、T、X 形进行修饰也能产生更富情趣的轮廓造型。

轮廓线的变化是流行款式演变的主要点,例如 20 世纪 50 年代流行的帐篷形,60 年代流行的酒杯形,70 年代流行的倒三角形,70 年代末、80 年代初流行的长方形以及近年来流行的窄肩、低腰形等。设计师应对廓形有敏锐的观察能力和分析能力,从而预测出或引导未来的流行趋势。纵然服装的外造型千变万化,但都离不开人体的基本形态,决定外形线变化的主要部分是肩、腰和底边。腰部在服装造型中有着举足轻重的地位,腰部的松紧度和腰线的高低是影响造型的主要因素。腰部从宽松到束紧的变化可以直接影响到服装造型从 H 形向 X 形的改变,H 形自由简洁,而 X 形纤细、窈窕。腰节线高度的不同变化可形成高腰式、中腰式、低腰式等服装,腰线的高低变化可直接改变服装的分割比例关系,表达出迥异的着装情趣。

理解服装外形变化的目的,一是正确表现服装的外轮廓,二是根据外形变化来合理处理服装的外形放松度。下面具体介绍四种基本的女上衣廓形:

（1）方形（H 形）

方形的特点是合体、舒适、自由,能充分显示出细长的身材。

（2）正梯形（A 形）

正梯形的特点是活泼、潇洒、美观,具有修饰肩膀部、夸张下部的作用,是一种常见的造型。

（3）倒梯形（T 形）

倒梯形的特点是严肃、庄重、大方,具有简明干练的风格。

（4）沙石记形（X 形）

它的主要特点是能充分地显示女性所独有的曲线美,具有长久的生命力。

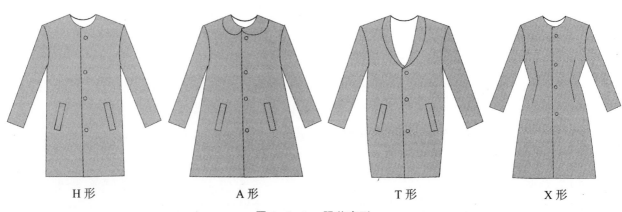

| H 形 | A 形 | T 形 | X 形 |

图 1-2-1　服装廓形

2. 女上衣领型分类

领子是指在服装的整体造型中围绕在人体颈部的局部造型,它是依据人体的肩颈部之间的自然形态而构成的。服装中领子的造型种类繁多,变化非常丰富,领子的造型设计直接影响着整个服装造型的风格。在服装中对于领子造型设计的要求是既要适合着装者的脸型和脖颈的特征,又要合乎所属服装类型的风格。

根据领子的构成可以把领子分为无领型领和有领型领两大类:

（1）无领型领

这是指在衣身前后领窝弧线上没有领子的造型,无领型领的变化主要是领口形状的变化,无领型领对于服装造型的整体风格而言,具有轻便、简洁、大方、随意的特点。无领型领的设计也是服装中领子设计的重要组成部分。

无领型领根据前后领窝线的深浅、宽窄、方圆、平尖角等的变化可以做出多种造型,如圆领、U字领、船形领、一字领、V字领、方领、五角形领和鸡心领等。

（2）有领型领

有领型领是指缝合在衣身前后领窝弧线上或直接连在衣身前后片上的各种领子造型的统称。它根据领子造型要求的不同可做出各种不同领型的变化,如立领、翻领、立翻领和翻驳领等。还可以做出多种其他类型的领子造型,包括系结领、褶领、荡领、荷叶边领等。

3. 女上衣袖型分类

袖子,是指在服装上衣中覆盖在人体手臂部位上的局部造型,它是依据人体手臂部位的形状及衣身部位连接的状态而构成的。

根据袖子与衣身部位结合的形式,包括无袖的构成在内,可以归纳为无袖类、上袖类和连衣袖类三种基本类型。

（1）无袖类

在衣身的手臂部位没有袖子的设计称为无袖类,它是在前后衣片上直接利用袖窿弧线进行造型变化的。

（2）上袖类

袖子与衣身在袖窿处缝合在一起构成的袖子造型称为上袖类。这种袖子的结构最能贴合人体手臂的造型。根据袖子合体度的不同,上袖类的袖子可分为一片袖、两片袖和多片袖。衬衫及宽松型服装多采用一片袖结构;西装及合体服装多采用两片袖结构。运动装多采用多片袖结构。

（3）连衣袖类

袖子与衣身全部或部分连在一起构成的袖子称为连衣袖类。这类袖子根据与衣身结构连体的不同构成可分为连衣袖、插肩袖、连育克袖、插片式连衣袖等。半合体的女装上衣多采用连衣袖结构,风衣、大衣等较宽松型服装多采用插肩袖结构。

三、女上衣原型结构设计

1.女上衣衣身原型结构设计

（1）女上衣原型款式

女上衣原型是本书 22 款经典女上衣款式造型的基础，具有造型简单、落落大方的造型特点，其效果图如彩图 1-1 所示，款式图如图 1-3-1 所示。

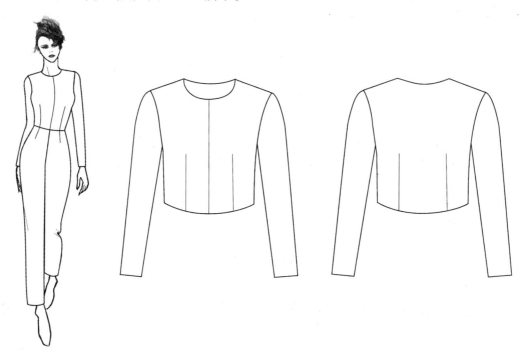

图 1-3-1　女上衣原型款式图

（2）女上衣衣身原型规格

本书以 160cm 身高女性为例，其上衣衣身原型规格如表 1-3-1 所示。

表 1-3-1　女上衣衣身原型规格

单位：cm

部位	身高	胸围	背长
规格	160	82	38

（3）女上衣衣身原型结构图制图步骤

① 作长方形：作长为胸围 1/2+5cm（放松量），宽为背长的长方形。长方形的右边线是前中线，左边线是后中线，上边线是辅助线，下边线是腰辅助线。如图 1-3-2 所示。

② 作基本分割线：从后中线顶点向下取胸围 1/6+7m，垂直后中线引出袖窿深线交于前中线。在袖窿深线上，分别从后、前中线起取胸围 1/6+4.5cm 和胸围 1/6+3cm 作垂线交于辅助线，两线为背宽线和胸宽线。在袖窿深线的中点向下作垂线交于腰辅助线，该线为前后片的分界线。

③ 作后领口曲线：在辅助线上，从后中线顶点取胸围 1/12 为后领宽。在后领宽上取后领宽 1/3

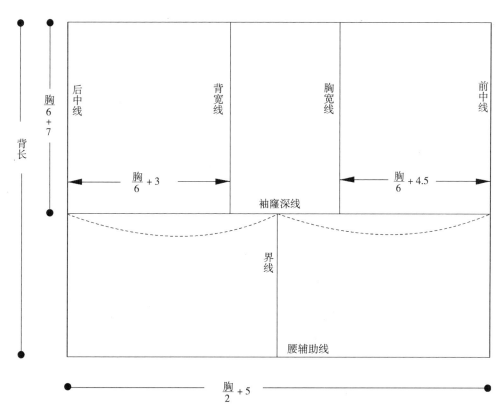

图 1.-3-2　女上衣衣身原型结构图基础线

为后领深，至此确定了后颈点和后侧颈点，最后用平滑的曲线连接两点，完成后领口曲线。

④ 作后肩线：从背宽线和辅助线的交点下取后领宽 1/3 作水平线段 2cm 定寸，确定后肩点；然后，连接后侧颈点和后肩点，完成后肩线，该线中含有 1.5cm 的肩胛省。

⑤ 作前领口曲线：从前中点顶点分别横取后领宽 –0.2cm 为前领宽，竖取后领宽 +1cm 为前领深做矩形。从前领宽线与辅助线的交点下移 0.5cm 为前侧颈点；矩形右下角为前颈点，在矩形左下角平分线上取线段为前领宽 1/2–0.3cm 作点，为前领口曲线轨迹。最后用圆顺的曲线连接前颈点、辅助点和前侧颈点，完成前领口曲线。

⑥ 作前肩线：从胸宽线与辅助线的交点下取后领 2/3 水平引出射线，在射线与前侧颈点之间取后肩线长 –1.5cm 为肩胛省。

⑦ 作袖窿曲线：在背宽线上取后肩点至袖窿深线的中点为后袖窿轨迹之一；在胸宽线上取前肩点到袖窿深线的中点为前袖窿轨迹之一。分别在胸宽线、背宽线与袖窿深线的外夹角平分线上，取背宽线到前后片界限距离的 1/2 为前袖窿轨迹之二；在此线段上增加 0.5cm 为后袖窿轨迹之二。最后，参照前后袖窿轨迹，用圆顺的线条描绘出袖窿曲线。

⑧ 作胸乳点、腰线和侧缝线：在前片袖窿深线上取胸宽的中点，向后身方向移 0.7cm 作垂线，其下 4cm 处为胸乳点（BP 点），向下交于辅助线，再延伸出前领宽 1/2 为乳凸量，同时，前中线同样延长此量；然后，从腰辅助线与前后片界线的交点向后身方向移 2cm 记点，根据此点分别作出侧缝线和新的腰线。

⑨ 确定前后袖窿符合点：在背宽线上，肩点至袖窿深线的中点下移 3cm 处，水平作对位记号为后袖窿符合点；在胸宽线上，肩点至袖窿深线的中点下移 3cm 水平作对位记号、为前袖窿符合点。至

此完成上身标准基本纸样,如图1-3-3所示。

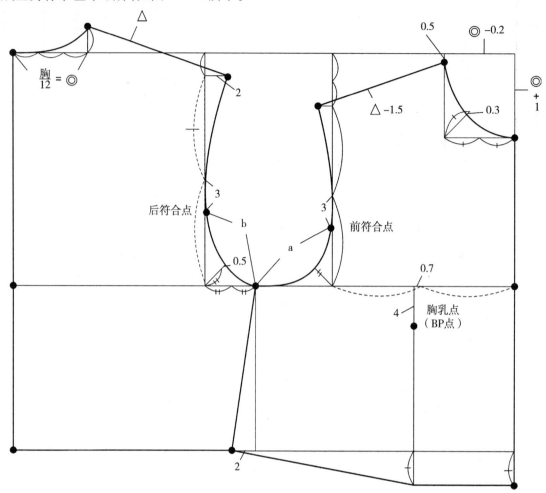

图1-3-3　上衣衣身原型基本纸样

2. 女上衣袖子原型结构设计

（1）女上衣袖子原型规格

身高为160cm的女性,其袖子原型规格如表1-3-2所示。

表1-3-2　女上衣袖子原型规格　　　　　　　　　　　　　单位:cm

部位	身高	袖长	袖窿弧长
规格	160	52	42

（注:袖窿长（AH）则从已完成的上身基本纸样中测得）

（2）女上衣袖子原型制图步骤

①作十字线及确定袖肥:作袖中线为竖线和落山线为横线的十字交叉线,从交叉点上取袖窿长1/3为袖山高,袖中线为袖长。以袖中线顶点为基点向左取袖窿长 1/2+1cm交在后落山线上;向右取袖窿长1/2交在前落山线上得到袖肥,如图1-3-4所示。

②完成其它基础线:从袖肥两端垂直向下至袖中线同等长度为前后袖内缝线,作袖摆辅助线。

在袖中线的中点下移 2.5 cm 处作水平线为肘线。

③ 做袖山曲线：把右斜边（前袖部分斜边）分为四等份，靠近顶点的等分点垂直斜线向外凸起1.8cm，靠近前内缝线的等分点向内垂直斜线凹进1.3 cm，在斜线中点顺斜边下移 1cm 为前袖山 S 曲线的转折点。在后斜线上，靠近顶点处也取前斜线1/4 凸起 1.5cm，靠近后内缝线处取其同等长度作为切点。到此完成了 8 个袖山曲线的轨迹点，最后用圆顺的曲线把它们连接起来，完成袖山曲线。

④ 做袖摆曲线：分别把前袖和后袖摆辅助线分为二等分，在前袖摆中点向上凹进 1.5cm，后袖摆中点为切点，在袖摆的两端，分别向上移 1cm，确定袖摆曲线的四个轨迹点，注意袖中线与袖摆辅助线的交点不在其中，最后平滑地描绘袖摆曲线。

⑤ 确定袖符合点：袖后符合点取衣身基本纸样后符合点至前后界点间弧长加上 0.2cm；袖前符合点取上身基本纸样前符合点至前后界点间弧长

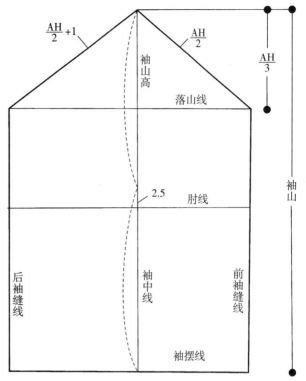

图 1-3-4 女上衣袖子原型结构图基础线

加上 0.2cm。最后复核袖山曲线应比袖窿（AH）长 4cm 左右的容量为宜。至此，女上衣袖子原型基本纸样绘制完成，如图 1-3-5 所示。

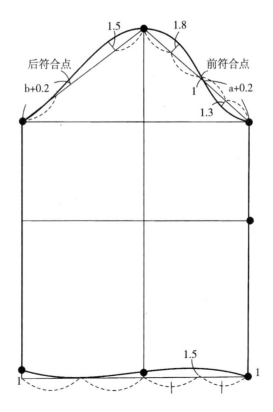

图 1-3-5 女上衣袖子原型基本纸样

四、女上衣结构设计应用

1. 长款女衬衫

款式特点：

本款长款女衬衫是男式衬衫的变化款，领子、门襟、下摆沿用了男式衬衫的造型元素，增加了分割线和褶的组合，腰部细腰带的设计丰富了造型中的女性色彩。长款女衬衫效果图见彩图1-2，长款女衬衫款式图见图1-4-1。

结构特点：

长款女衬衫在男式衬衫结构的基础上增长了衣长，外轮廓变成了A字形。长款女衬衫夸张了下摆的燕尾式造型，前衣片弧形分割线的运用增添了女性色彩，把胸省转移至分割线中，利用分割线借缝开袋，采用切展加量的方法在袋口做三个装饰褶，袖长为中袖，袖片袖口处有长方形分割，并加入了规则褶的设计，与袋口的装饰褶相呼应。长款女衬衫衣身结构图见图1-4-2。长款女衬衫袖子结构图见图1-4-3。

适用面料：

适用轻薄、柔软的棉质面料。

工艺要点：

此款上衣看似简单，实则工艺要求很高，尤其是领子和门襟，应根据男式衬衫的工艺要求，领子使用专用领衬，门襟使用和面料同色的薄有纺衬，黏衬后用扣烫版扣烫。压缝0.1cm明线。底边采用卷边车缝的方法车缝固定。袖口和袋口的褶应按定位标记进行折叠熨烫。后背分割线下的对褶应对齐烫平后与分割线缝合，并按设计图要求车缝三道明线。

图1-4-1　长款女衬衫款式图

表1-4-1　长款女衬衫规格　　　　　　　　　　　　　　　　单位：cm

部位	衣长	胸围	肩宽	领围	袖长	袖口
规格	82.5	106	40	40	41.5	31

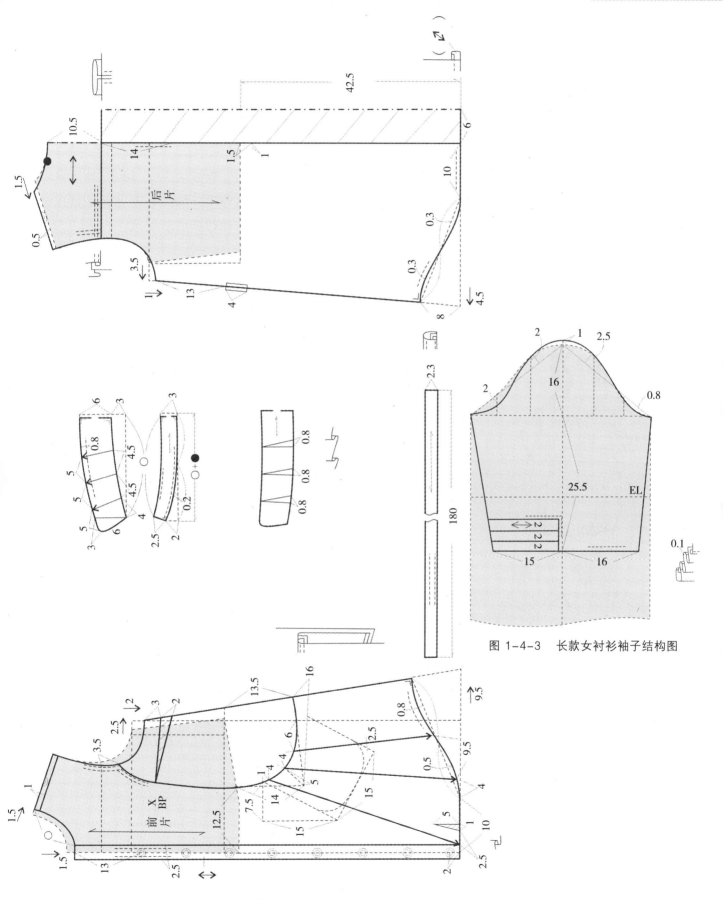

图 1-4-3 长款女衬衫袖子结构图

图 1-4-2 长款女衬衫衣身结构图

2. 波浪袖小衫

款式特点：

松身造型，领口和下摆的抽褶可以掩饰腰腹部的赘肉，袖口波浪花边是此款上衣的设计亮点。波浪袖小衫效果图见彩图 1-3，波浪袖小衫款式图见图 1-4-4。

结构特点：

H 形轮廓，前身从上到下按褶位进行平行切展加量，单个褶量为 2.5cm，褶距为 3cm。袖窿采用半插肩袖结构，袖子的轮廓线为三角形，前后袖片合并，袖山头部位进行平行切展加量，加出的量在袖山头用碎褶处理，其余部分做三角形切展加量，袖子的外边缘呈现自然的波浪造型，边缘采用 0.5cm 卷边缝的方法车缝固定，或者采用高密锁边处理。领口用本布斜裁出 3cm 包边条进行包边。波浪袖小衫结构图见图 1-4-5。

适用面料：

适用柔软轻薄的纱质面料，如麻纱、真丝、雪纺等面料。

工艺要点：

因此款面料较为柔软轻薄，制作时难度较大，尤其是袖口边缘的处理，如果采用卷边缝的方法，一定要窄，宽度控制在 0.3 ~ 0.5cm 之间，车缝时向前推送面料，防止起涟。领口包边条必须使用 45° 斜纱，长度应小于领口周长 2 ~ 3cm，按肩缝、前后中心点对档位包边车缝。

表 1-4-2　波浪袖小衫规格　　　　单位：cm

部位	衣长	胸围	肩宽
规格	57	96	35

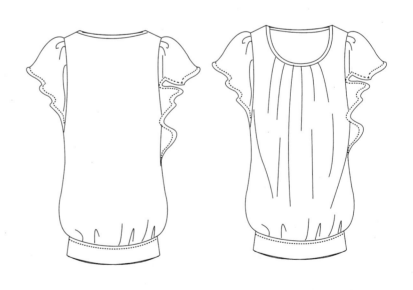

图 1-4-4　波浪袖小衫款式图

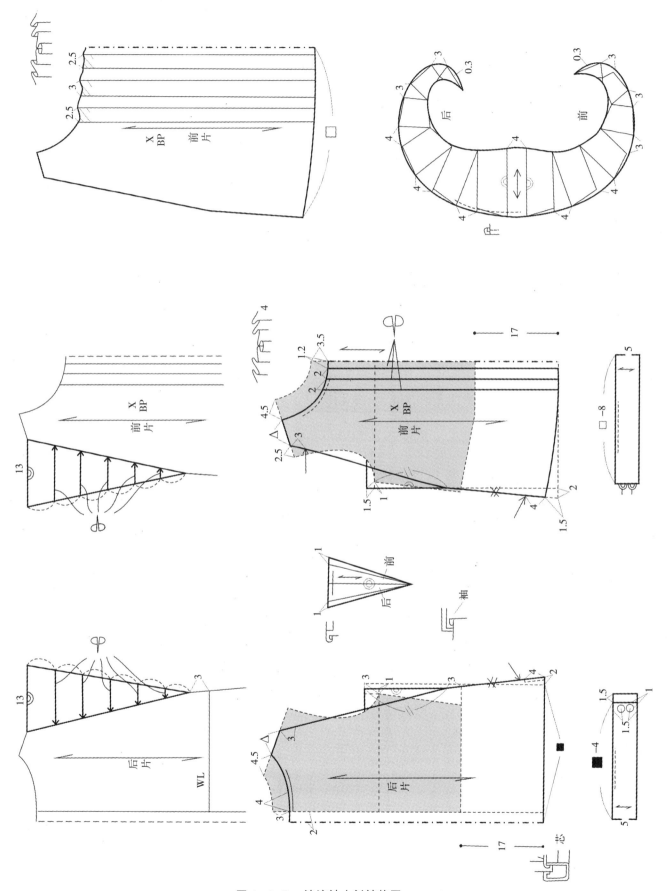

图1-4-5 波浪袖小衫结构图

3. 荡领小衫

款式特点：

松身造型和披肩式后领与前荡领的连接是此款小衫的设计亮点。荡领小衫效果图如彩图 1-4 所示，荡领小衫款式图见图 1-4-6。

结构特点：

衣身较为宽松，适合中青年女性穿着，领口采用切展加量的方法做出荡褶结构。前后小肩部位按设计图做出弧线型分割线造型后合并，袖子为七分袖。荡领小衫结构图见图 1-4-7。

适用面料：

有弹力的机织面料，如莫代尔、棉针织等面料。

工艺要点：

此款适用弹力机织面料，制作时衣片应采用四线机锁边缝合，使用弹力线，袖口及衣片下摆边缘采用绷缝机绷缝。

表 1-4-3　荡领小衫规格　　　　单位：cm

部位	衣长	胸围	肩宽	袖长	袖口
规格	60	96	39	42	24

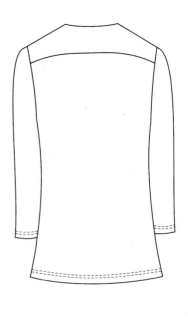

图 1-4-6　荡领小衫款式图

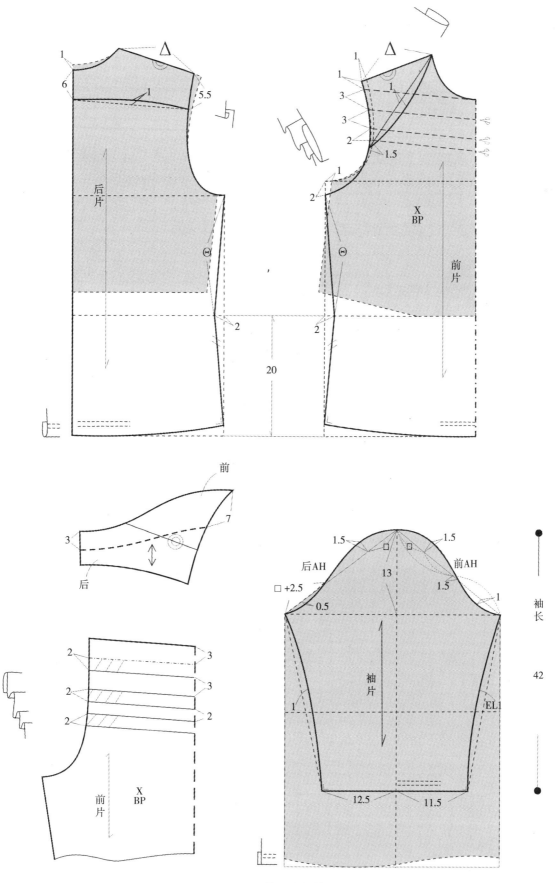

图 1-4-7 荡领小衫结构图

4. 加片荡领小衫

款式特点：

衣身较为合体,前身加片荡领设计是此款小衫的设计亮点,既能拉长脸部线条,又能有效掩盖腰腹部的缺陷。加片荡领小衫效果图见彩图1-5,款式图见图1-4-8。

结构特点：

前后衣片合体修身,在基本型上略微调整即可,前身增加的装饰片是此款服装结构设计的要点,连后领结构新颖别致。加片荡领小衫衣身结构图见图1-4-9,袖子结构图见图1-4-10。

适用面料：

加片荡领小衫适用有弹力的机织面料,如莫代尔、棉针织等面料。

工艺要点：

衣片采用四线锁边机缝合,衣身底边、袖口边缘使用绷缝机绷缝,前身加片的边缘同样采用绷缝机绷缝固定。

表1-4-4 加片荡领小衫规格   单位：cm

部位	衣长	胸围	肩宽	袖长	袖口
规格	63	96	38	42	28

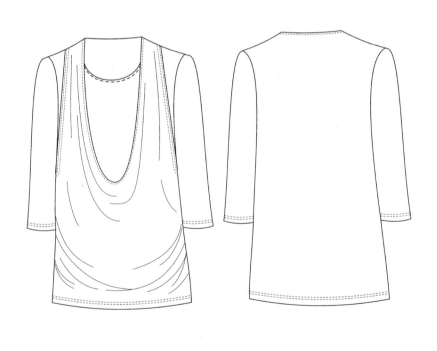

图1-4-8 加片荡领小衫效果图

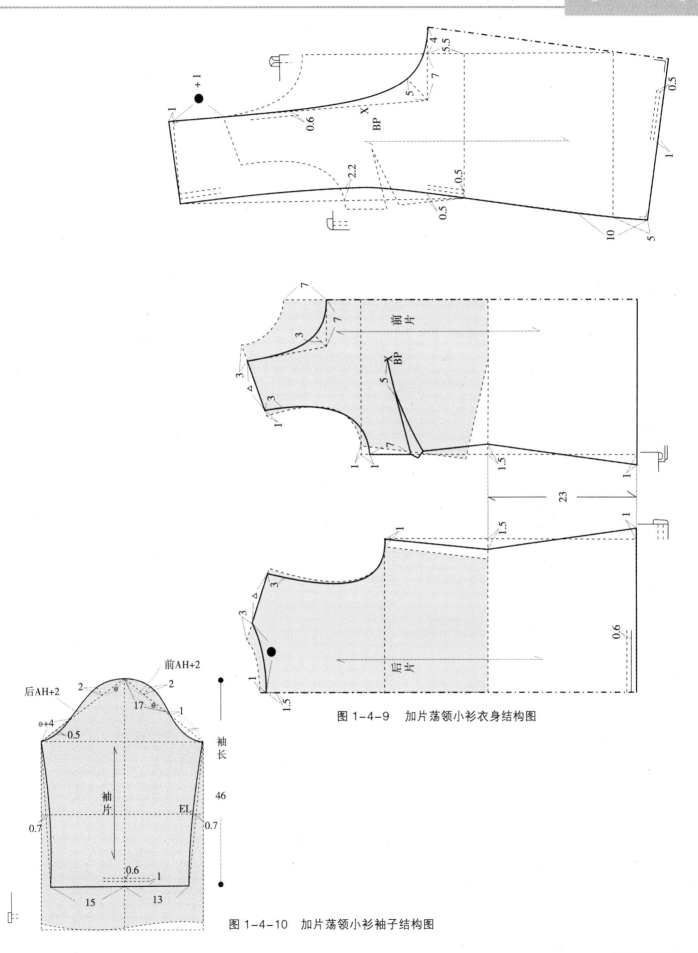

图1-4-9　加片荡领小衫衣身结构图

图1-4-10　加片荡领小衫袖子结构图

5.高领小衫

款式特点:

松身,高领,灯笼袖,前后有横向分割线,分割线以下部位采用碎褶的造型,可搭配腰带穿用,优雅而又时尚。高领小衫效果图见彩图1-6,款式图见图1-4-11。

结构特点:

前后衣片采用H形结构,前衣片的胸省转移至肩下分割线处,处理成褶量,同时再用切展加量的方法增加褶量。后身分割线以下在后中心线处加出褶量,袖口增加10cm的褶量。高领小衫结构图见图1-4-12。

适用面料:

适合柔软轻薄的纱织面料,如真丝、雪纺、麻纱类等面料。

工艺要点:

此款小衫因使用轻薄的纱质面料,制作起来有一定的难度,尤其是分割线碎褶处应把褶量抽均匀,下摆可采用卷边缝工艺车缝固定。领子和袖口采用双层面料制作。

表1-4-5 高领小衫规格 单位:cm

部位	衣长	胸围	肩宽	袖长	袖口
规格	60	100	40	58	19

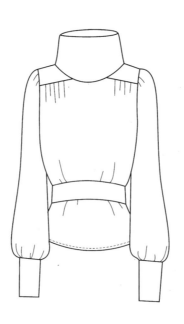
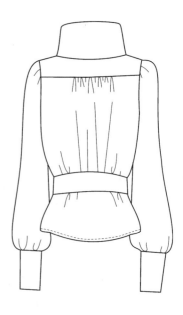

图1-4-11 高领小衫款式图

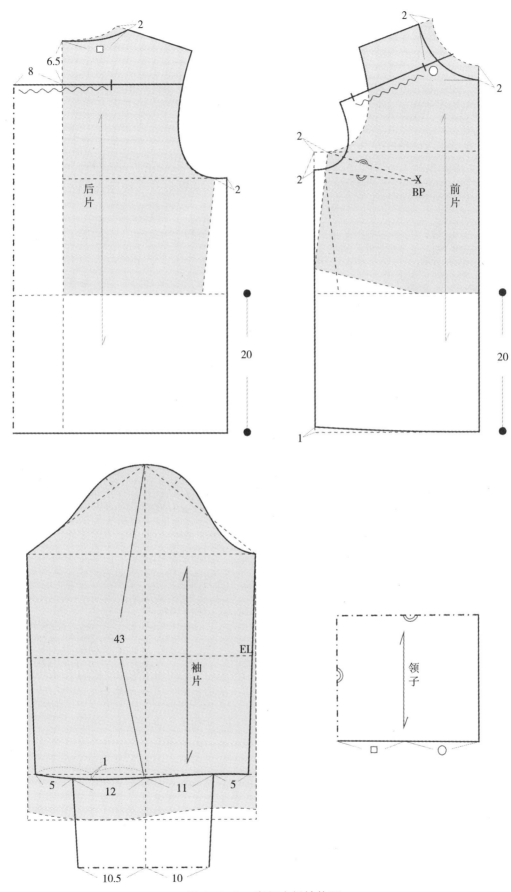

图 1-4-2　高领小衫结构图

6. 领口抽碎褶小衫

款式特点：

合体型造型，插肩袖，圆形领口，领口抽碎褶，清新而又活泼。领口抽碎褶小衫效果图见彩图 1-7，款式图见图 1-4-13。

结构特点：

前后衣身为 H 形造型，在基本型上增大胸围、腰围及下摆围度，插肩袖结构，加宽领子的宽度，用松紧底线车缝收褶，在领口形成自然的荷叶边造型。领口抽碎褶小衫结构图见图 1-4-12。

适用面料：

适用柔软轻薄的纱织面料，如真丝、雪纺、麻纱类等面料。

工艺要点：

领口边缘可采用 0.5cm 卷边车缝的工艺车缝处理，也可采用高密锁边机锁边，袖口及衣身下摆处采用卷边缝车缝固定。

表 1-4-6　高领小衫规格　　　　　　单位：cm

部位	衣长	胸围	袖长
规格	65	108	18

图 1-4-13　领口抽碎褶小衫款式图

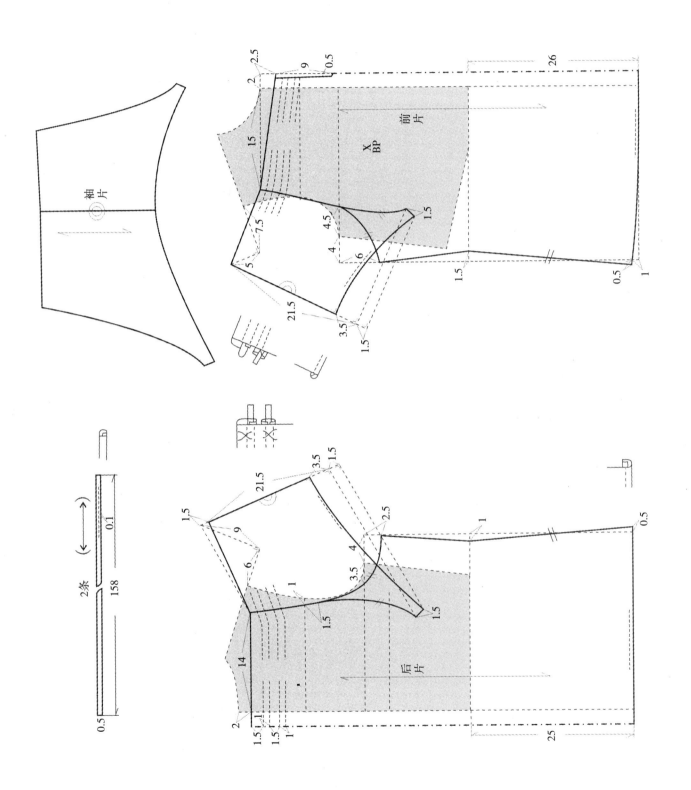

图 1-4-14 领口抽碎褶小衫结构图

7. 西装领外套

款式特点：

西装造型，平驳头，单排扣，圆角下摆，前后竖向分割线，合体两片袖，是比较有代表性的小西装外套造型。西装领外套效果图见彩图1-8，款式图见图1-4-15。

结构特点：

前后竖向公主线结构，前身的胸省转移至肩部，领子为标准西装领结构，下摆圆角设计，前身的抽褶贴袋设计打破了常规西装口袋的造型，是此款外套的设计亮点。八分袖长，采用了合体两片袖的结构设计。西装领外套结构图见图1-4-14。

适用面料：

适用各种单色面料、印花针织面料、时装呢、毛涤混纺等面料。

工艺要点：

采用全里子工艺，驳头、领子、门襟黏衬定型后需按定位版画线车缝，车缝裁片时上衣松紧保持一致，前后衣片分割缝车缝后要运用推、归、拔工艺对衣片进行处理，使胸、腰、部位达到自然贴身的状态。

图1-4-15　西装领外套款式图

表1-4-7　西装领外套规格　　　　　　　单位：cm

部位	衣长	胸围	肩宽	袖长	袖口
规格	55	96	39	58	12.5

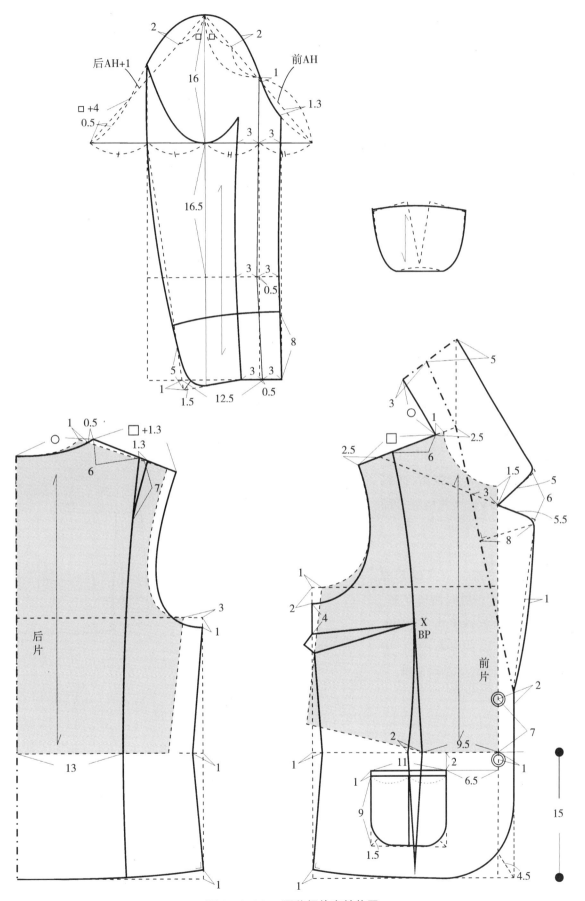

图 1-4-16 西装领外套结构图

8. 中袖短外套

款式特点：

H形松身小外套，八分袖长，袖口、衣身下摆有分割线设计，利用面料纱向的不同组合，营造出别致的设计亮点，简单而又不失细节。中袖短外套效果图见彩图1-9，款式图见图1-4-17。

结构特点：

前身领口的结构设计是此款服装的关键点，松身型造型，不需要腰胸省，把胸省量转移至领口处，转换成两个装饰褶。后衣片保留两个腰背省，使后衣片略微贴体。袖子和衣片的下端有横向分割线，分割线以下的部位采用45°斜向。中袖短外套结构图见图1-4-18。

适用面料：

此款外套可在春季穿用，面料应有一定厚度，时装呢、薄格呢等面料是不错的选择。

工艺要点：

袖口、衣片下端分割线以下部位需黏衬定型，防止斜向面料变形，黏衬时把对应面料烫平后平放，不可拉得过紧。领口同样有斜向，所以也需要用同样的方法黏衬定型。

图1-4-17 中袖短外套款式图

表1-4-8 中袖短外套规格　　　　单位：cm

部位	衣长	胸围	肩宽	袖长	袖口
规格	55.5	102	40	41	28

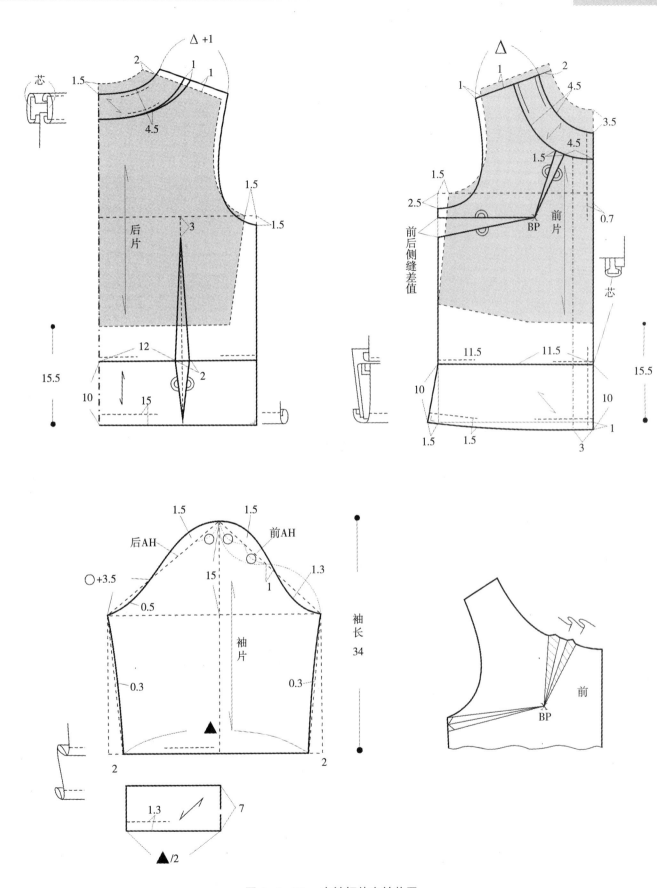

图 1-4-18　中袖短外套结构图

9. 波浪门襟外套

款式特点：

波浪门襟造型打破了常规门襟造型的严谨，给人带来浪漫飘逸的视觉效果，配合松身的造型和合体的袖型，时尚而又优雅。波浪门襟外套效果图见彩图1-10，款式图见图1-4-19。

结构特点：

前片门襟的结构设计是此款服装的结构要点，从前中心向外增加一定的宽量，后领和前衣片连在一起，从领子的上边缘向门襟宽出点连线，再向下摆连斜线，形成的三角形穿着后会形成自然的荡褶，三角形的量越大，荡褶量也会越大。此款造型的袖子适合略微紧身，与衣身形成松紧对比的视觉效果。波浪门襟外套结构图见图1-4-20。

适用面料：

适合柔软有悬垂感的面料，但不宜太轻薄。

工艺要点：

门襟呈波浪状，穿上身后显得轻盈灵动，制作时适合用单层面布，不宜用里子，缝份可采用包边工艺处理，也可采用锁边工艺处理。门襟、底摆的边缘应用卷边缝工艺车缝固定。

表1-4-9　中袖短外套规格　　　　　　单位：cm

部位	衣长	胸围	肩宽	袖长	袖口
规格	前中长70，侧长54.5	96	39	55	21

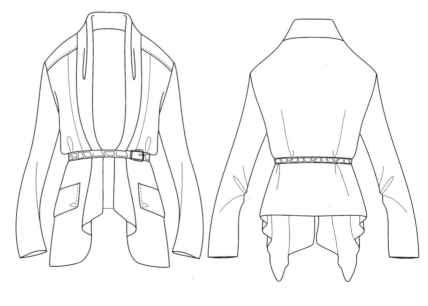

图1-4-19　波浪门襟外套款式图

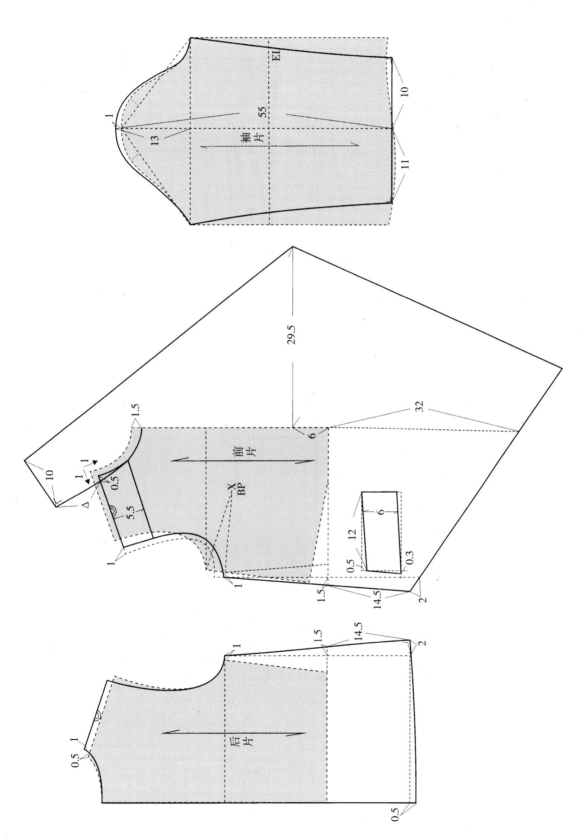

图 1–4–20 波浪门襟外套结构图

10. 层叠门襟外套

款式特点：

H 形外轮廓，门襟的层叠设计是此款外套的设计亮点。层叠门襟外套效果图见彩图 1-11，款式图见图 1-4-21。

结构特点：

前衣片的结构设计是此款外套的结构设计要点，前片左右不对称，右前片的门襟呈现三层层叠状态，同时每一层都有镶边设计。左衣片保持单排门襟的结构，两片对搭时下摆处有一自然豁口出现。袖子为合体型两片袖结构。层叠门襟外套结构图见图 1-4-22。

适用面料：

适合全毛、毛涤、混纺或各类时装呢面料。

工艺要点：

此款外套可春、秋两季穿着，应使用全里子缝合。门襟的叠层使用一层面料和一层里料，这样可减少层叠的厚度。层叠片的镶边工艺难度较大，应用定位板定位车缝，必须做到宽窄一致。

图 1-4-21　层叠门襟外套款式图

表 1-4-10　层叠门襟外套规格　　　　　　　　　单位：cm

部位	衣长	胸围	肩宽	袖长	袖口
规格	55	96	40	58	24

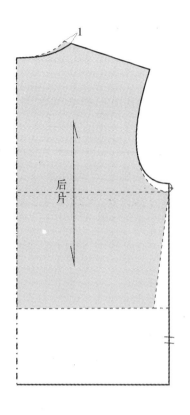

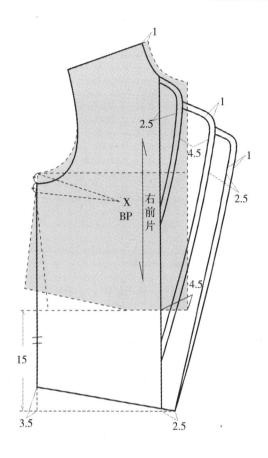

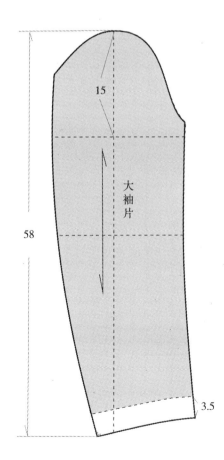

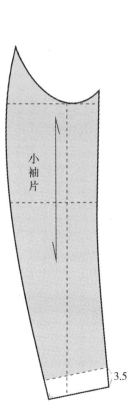

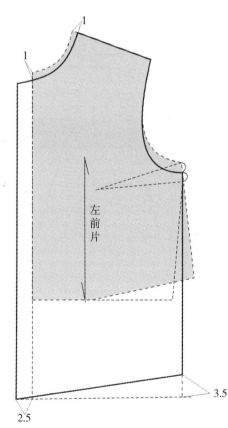

图 1-4-22　层叠门襟外套结构图

11. 波浪领小衫

款式特点:

小灯笼袖,前身波浪形的领口装饰展现出了女性的浪漫和柔美。波浪领小衫效果图见彩图1–12,款式图见图1–4–23。

结构特点:

衣身略合体,燕尾式下摆,前后身有竖向分割线设计,袖口在一片袖的基础上向两边加量。圆形领口,领口处的波浪采用三角形切展加量的方法进行结构设计。波浪领小衫结构图见图1–4–24。

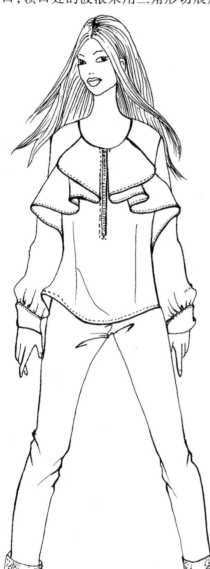

适用面料:

适合柔软轻薄的各类面料,如真丝绸、雪纺纱、麻纱等面料。

工艺要点:

领口的波浪造型边缘斜度较大,制作起来有一定的难度,需要用卷边压脚方式进行卷缝处理。下摆的边缘也可采用卷边缝的方法车缝固定。圆形领口采用领口贴边车缝翻进。袖口克夫要用薄的有纺衬定型后车缝。

表 1–4–11　波浪领小衫规格　　　　单位:cm

部位	衣长	胸围	肩宽	袖长	袖口
规格	58	96	39	58	21.5

图 1–4–23　波浪领小衫款式图

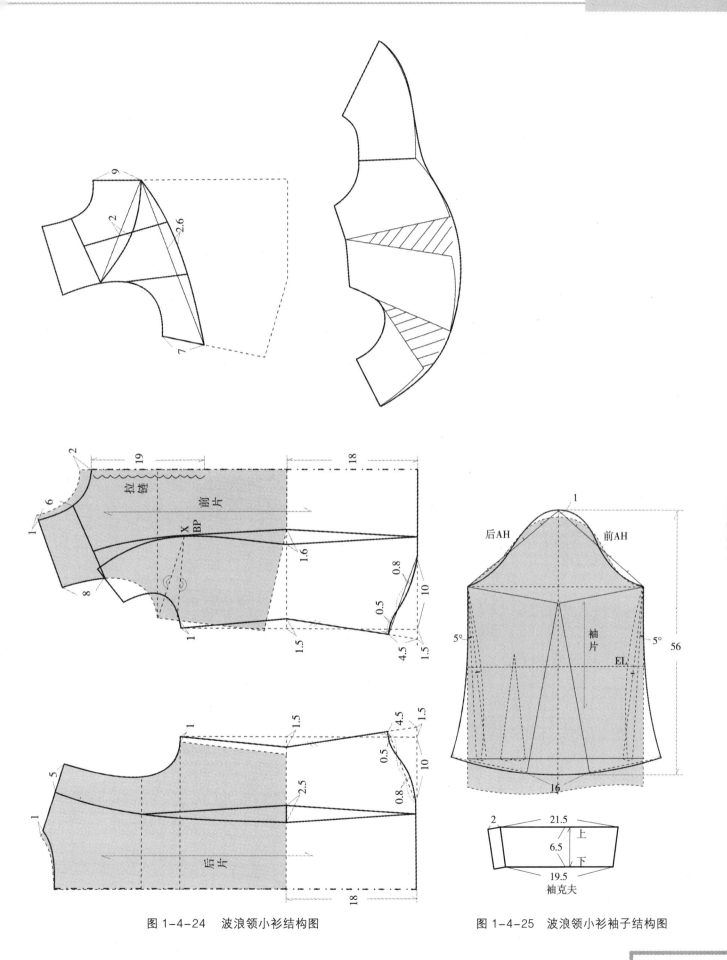

图 1-4-24　波浪领小衫结构图

图 1-4-25　波浪领小衫袖子结构图

12. 平翻领外套

款式特点:

基本款外套,平翻领,短袖,单排扣直门襟。平翻领外套效果图见彩图 1-13,款式图见图 1-4-26。

结构特点:

衣身保持了最基本的上衣衣片结构,腋下胸省转移至袖窿处,前后衣片都有腰省的设计,袖子为一片短袖。平翻领外套结构图见图 1-4-27。

适用面料:

夏季用各种面料,如印花麻纱、真丝等。

工艺要点:

整件外套采用无里缝制,缝份适合用包边工艺或锁边工艺,袖口、衣片的底边采用卷边车缝的工艺,门襟挂面,领子领里用薄的有纺衬定型。

表 1-4-12　平翻领外套规格　　单位:cm

部位	衣长	胸围	肩宽	袖长	袖口
规格	54	96	40	16	32

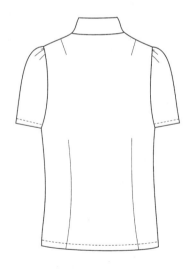

图 1-4-26　平翻领外套效果图

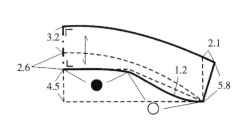

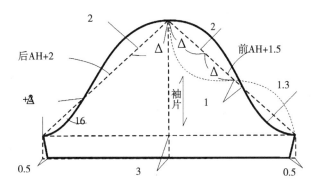

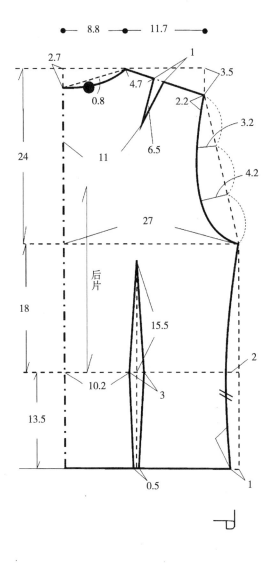

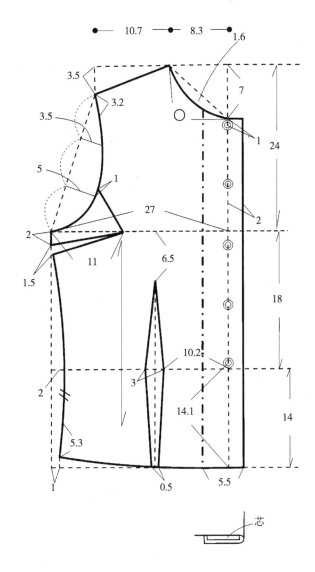

图 1-4-27 平翻领外套结构图

13. 翘肩短外套

款式特点:

短款外套,大刀领,前身分割线加装饰片,产生翘肩的视觉效果,有很强的都市感。翘肩短外套效果图见彩图1-14,款式图见图1-4-28。

结构特点:

大刀领和前分割线中的装饰片是此款外套的结构设计亮点。领子沿用了青果领的结构,领子的外边缘做出大刀领的造型。前后衣片对应做出竖向分割线,分割线的起点在小肩线的1/2处,在分割线中设计装饰片结构,装饰片的关键点在肩部要向上翘起,并根据款式图做出造型线。袖子为合体两片袖结构。翘肩短外套结构图见图1-4-29。

适用面料:

适用各种有一定厚度的时装面料。

工艺要点:

此款外套的工艺难点很多,首先是领子,缝制时采用西装领的缝制方法,注意里外匀势。其次是分割缝中的装饰片,装饰片采用一层面料、一层里料缝合,外口拔开烫平,形成自然的翘势,与分割衣片一起车缝缝合。前片衣身袋口的拉链制作时注意袋角方正,不可毛漏,拉链车缝时要松紧一致。整件衣服采用全里工艺缝合制作。

图1-4-28 翘肩短外套款式图

表1-4-28 翘肩短外套规格 单位:cm

部位	衣长	胸围	肩宽	袖长	袖口
规格	38	94	39	58	24

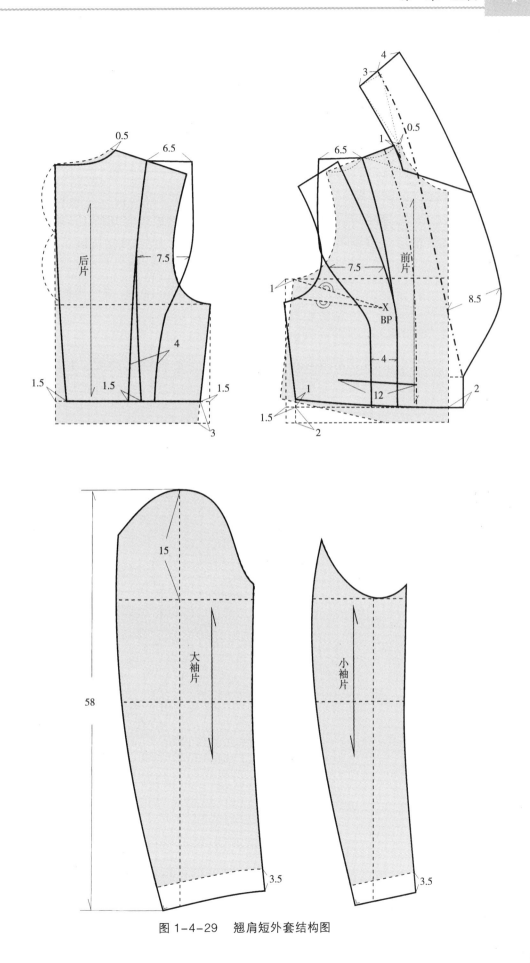

图 1-4-29 翘肩短外套结构图

14. 圆领外套

款式特点：

合体小款外套，无领，领口装饰省道和装饰扣的组合形成此款外套的设计亮点。袖子为两片泡泡袖。圆领外套效果图见彩图1-15,款式图见图1-4-30。

结构特点：

前后衣片采用竖向分割线设计,前衣片胸省分为两部分,1/2的胸省量转移至领口,按造型位置做出两个装饰省道,剩余1/2的胸省量转移至袖窿,与腰胸省连接成竖向分割线。袖子在两片袖的基础上在大袖片上做切展加量,把大袖片转换成泡泡袖结构。圆领外套结构图见图1-4-31。

适用面料：

适用各种有一定厚度的时装呢、毛料、混纺等面料。

工艺要点：

采用全里缝合工艺,前片挂面,后片领贴需做粘衬定型处理,领口的装饰省道车缝时省尖部位一定要车尖,不能有起泡现象。袖山部位按照对位标记进行抽褶,褶量要均匀。

表1-4-14　圆领外套规格　　　　单位:cm

部位	衣长	胸围	肩宽	袖长	袖口
规格	53	94	39	50	26

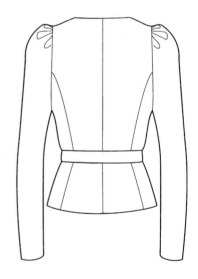

图1-4-30　圆领外套效果图

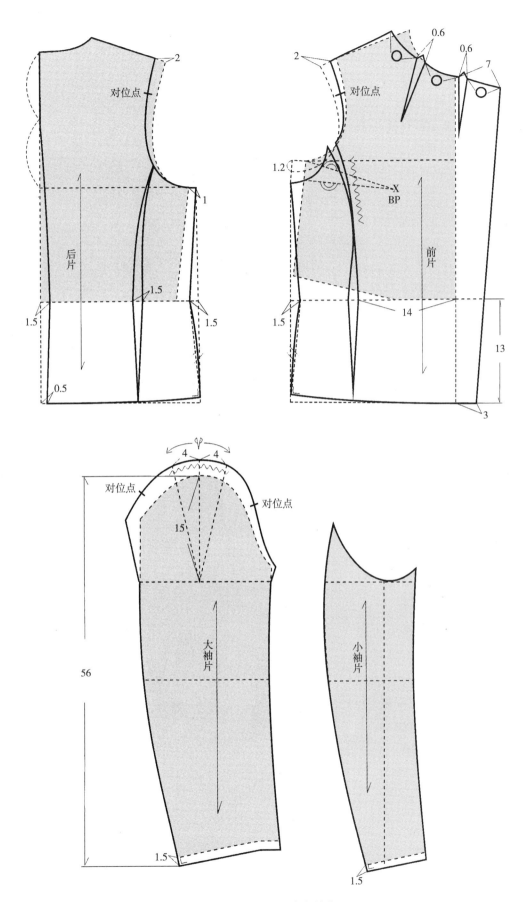

图 1-4-31　圆领外套结构图

15.假西装领外套

款式特点:

小西装廓形,新颖别致的分割线和假西装领把此款外套打造得格外与众不同。假西装领外套效果图见彩图1-16,款式图见图1-4-32。

结构特点:

后衣片设计了竖向分割线,后中心线调整为曲线,两条线起到了对后衣片的塑形作用。前衣片的领子为立领,领子的外边缘造型借用了西装领的形状,把胸省转移至领宽点处,做出一个省,用来上领,同时按照设计在前衣片上部做出对称的几何形分割线,分割线与领口造型巧妙地融为一体,门襟为不规则弧线形,整件外套严谨但不失时尚,充满了新颖的设计感。假西装领外套结构图见图1-4-33。

适用面料:

适合柔软、有一点厚度、成型效果好的各类面料,如毛料、棉针织类、面料、时装呢等面料。

工艺要点:

前身分割线缝制时,裁片的边缘需先用牵条衬固定,防止缝制过程中变形。制作领子时注意里外匀,使领子自然服帖,不能出现反翘,上领时,领子夹缝在领口的省道中,注意松紧要一致。驳头同样要做出自然窝势。上袖时袖山头的吃势要均匀,达到袖山头圆顺自然,袖子前后适宜。

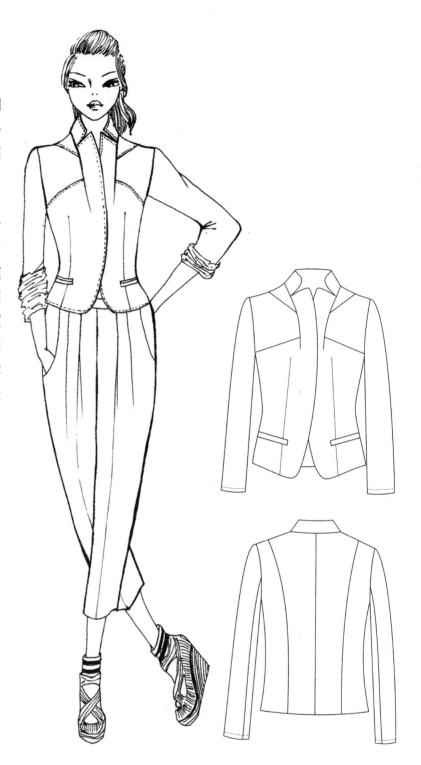

图1-4-32 假西装领外套款式图

表1-4-15 假西装领外套规格 单位:cm

部位	衣长	胸围	肩宽	袖长	袖口
规格	55	94	39	50	28

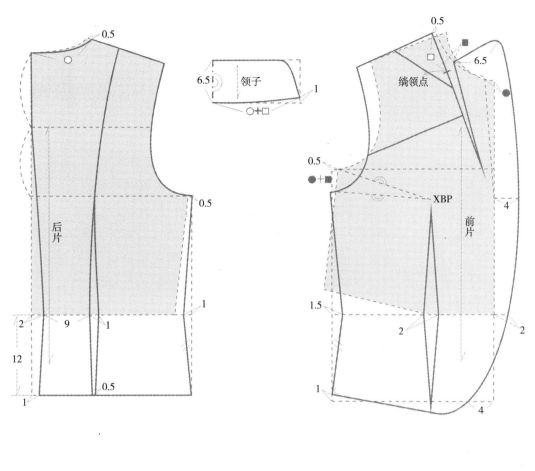

领子

XBP

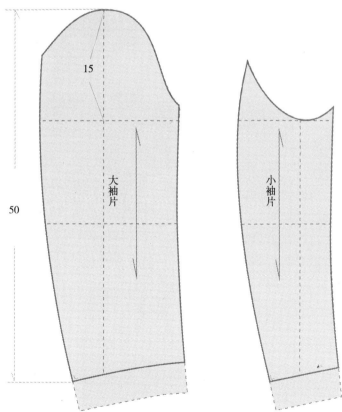

图 1-4-33　假西装领外套结构图

16. 斜门襟军装风外套

款式特点：

此款外套借用了军装元素，斜门襟配装饰扣的设计显得中性而又帅气，自然松身的廓形，能较好地修饰女性的体型。斜门襟军装风外套效果图见彩图1-17，款式图见图1-4-34。

结构特点：

前、后衣片沿用了常规的小西服衣片结构特点，利用分割线打造修身的效果，前身斜门襟设计是此款外套的设计亮点，在进行门襟的绘制时，要注意斜度的把握，斜度过大，下面的交叉角度就会过大，就会破坏整体的严谨感，角度过小，则会影响帅气的表达。领子为立领，需要把领深开深，使领子立而不闷。袖子为两片袖结构，袖口做了弧线形造型。斜门襟军装风外套结构图见图1-4-35。

适用面料：

适用柔软、有一定厚度、成型效果好的各类面料，如毛料、棉针织类、时装呢等面料。

工艺要点：

立领在制作时需要做好后中、肩缝及前领点的对位标记，领里、领面都需要粘衬定型，并用领子定位版画线后车缝。门襟扣位为双嵌线造型，采用开扣眼的工艺制作，门襟因斜度较大，需要使用牵条衬定型车缝。

表1-4-16　斜门襟军装风外套规格　　　　单位：cm

部位	衣长	胸围	肩宽	袖长	袖口
规格	58	94	39	46	28

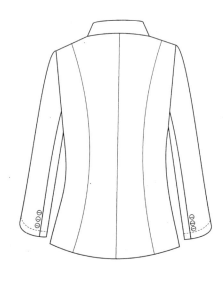

图1-4-34　斜门襟军装风外套款式图

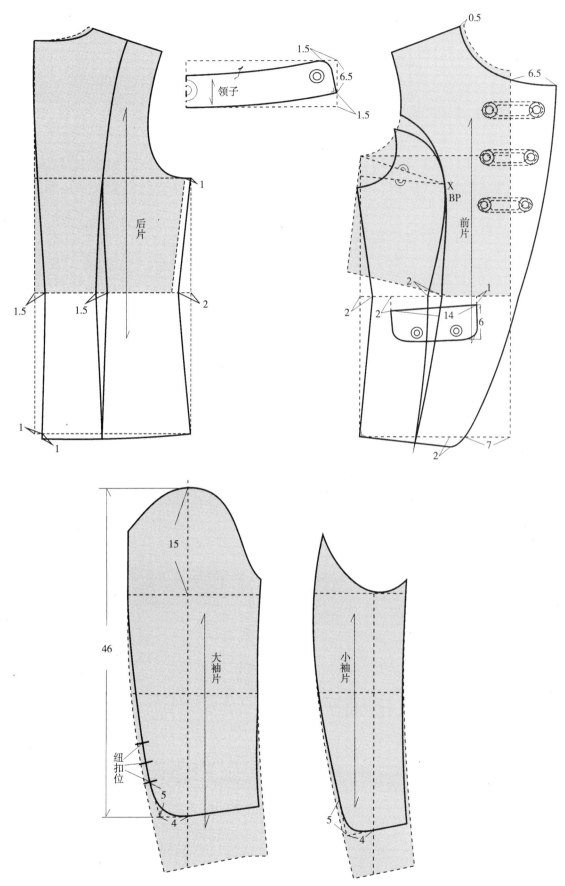

图 1-4-35 斜门襟军装风外套结构图

17.牛仔外套

款式特点：

短款休闲牛仔外套，男式衬衫领，两片式泡泡袖，前衣片有造型分割与装饰袋造型，袖口及衣身下摆有分割线设计。牛仔外套效果图见彩图1-18，款式图见图1-4-36。

结构特点：

T形廓形，后衣片上下各有横向分割线设计，中间有左右对称斜向分割线。前衣片的分割线比较复杂，省道转移至袖窿分割线中，装饰袋盖与造型分割线相连。袖子在两片袖结构的基础上，在大袖片袖山处进行切展加量，做出泡泡袖的结构。袖口做袖克夫设计。门襟采用单排扣直门襟。牛仔外套结构图见图1-4-37。

适用面料：

适用含棉量较高的牛仔面料。

工艺要点：

领子按男式衬衫领的制作方法制作，可采用全里工艺，也可采用单层无里工艺。袖口及衣身下端的分割部位采用双层面料夹缝的方法与大片连接。门襟用定位板扣烫车线固定。袋盖粘衬定型后用定位板画线车缝，车缝时做出里外匀，使袋盖自然贴服在衣身上。上领时应在后中、肩缝处做出对位标记，使领子达到自然平服的状态。

图1-4-36　牛仔外套款式图

表1-4-17　牛仔外套规格　　　　单位：cm

部位	衣长	胸围	肩宽	袖长	袖口
规格	52	96	37	56	22

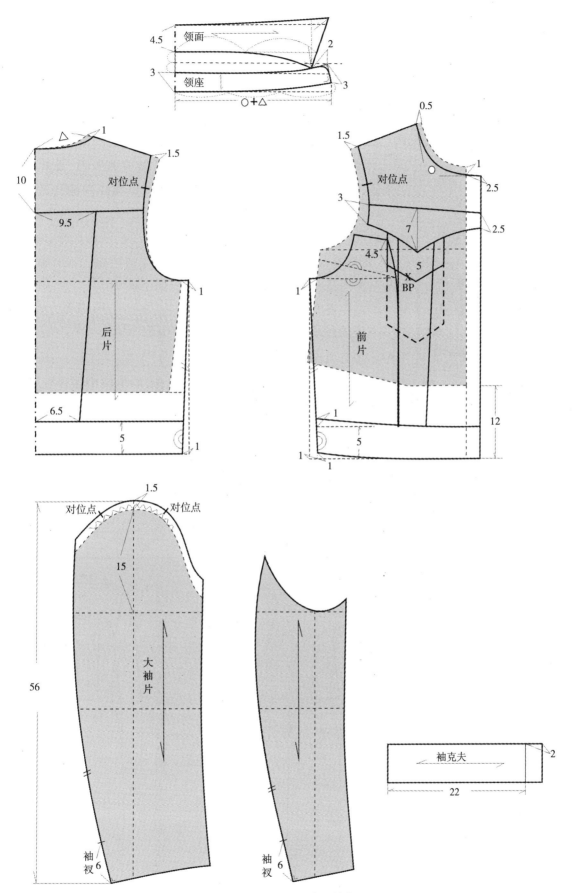

图 1-4-37 牛仔外套结构图

18. 不对称领大衣

款式特点：

高腰线 X 形廓形，中长款，合体收腰中长款大衣，不对称的领型新颖别致，打造出与众不同的靓丽造型。不对称领大衣效果图见彩图 1-19，款式图见图 1-4-38。

结构特点：

腰线整体上移 3 ～ 4cm，后身中线做成曲线型，设左右两个腰背省，前衣片的领口线做成 V 字形，从领口弧线向侧缝做弧线型分割线，把腰省转移至领口处与胸省合并到弧线形分割线中，领子按造型做成左右不对称的结构，注意领子外弧线长度的把握，量一定要给够，否则会翻不下去。袖子为合体型两片袖结构。不对称领大衣衣身结构图见图 1-4-39，袖子结构图见图 1-4-40。

适用面料：

适用成型效果较好的毛纺面料。

工艺要点：

领子的制作是此款大衣的难点之一，领里使用粘合衬定型，分割线及门襟要使用牵条衬定型，防止车缝时变形起皱。袖子采用合体两片袖的上袖方法，采用全里子工艺制作。在制作前要用推、归、拔工艺对衣片进行处理后再缝合。

表 1-4-18　不对称领大衣规格　　　单位：cm

部位	衣长	胸围	肩宽	袖长	袖口
规格	85	96	39	56	24

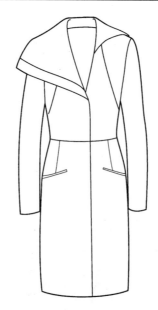
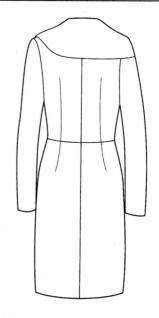

图 1-4-38　不对称领大衣款式图

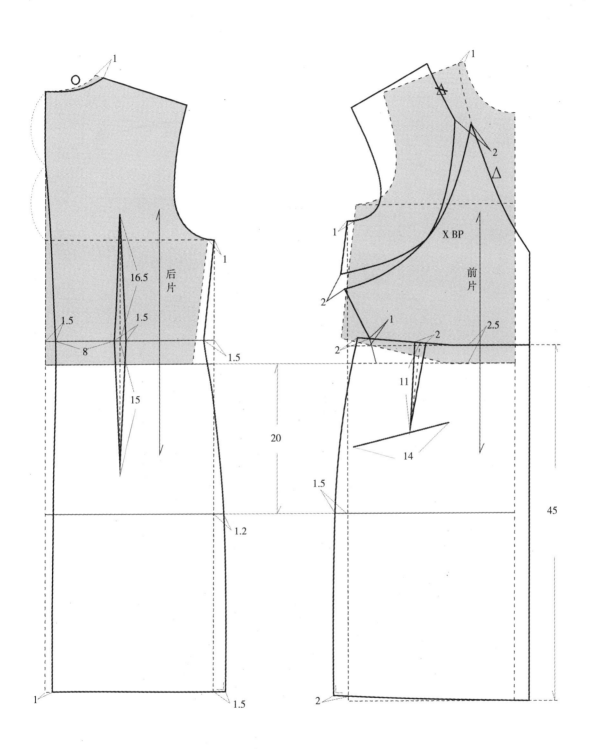

图 1-4-39 不对称领大衣衣身结构图

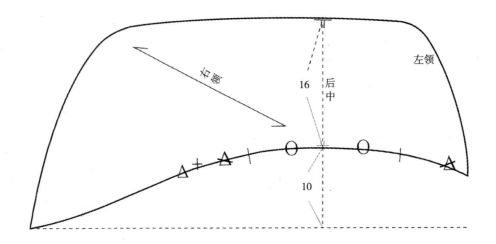

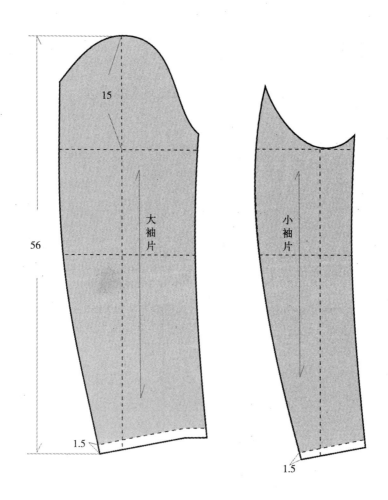

图 1-4-40　不对称领大衣袖子结构图

19. 连帽抽绳风衣

款式特点:

长宽休闲连帽风衣,松身造型。尖形下摆和别致的门襟造型使此款风衣显得个性十足。连帽抽绳风衣效果图见彩图1-20,款式图见图1-4-41。

结构特点:

松身型衣身结构,门襟上开下合,腰部用带子束腰,轻松自然,帽子是常见的基本款型,帽边有抽绳设计,袖子采用了合体型插肩袖结构。腰部有横向分割线设计,前下身腰部有碎褶造型,褶量加在侧缝处。连帽抽绳风衣结构图见图1-4-42。

适用面料:

适用各种复合型面料及风衣类面料。

工艺要点:

在制作插肩袖时,要核对插肩袖袖窿弧线的长度与衣身袖窿弧线的长度是否一致,车缝时要做到上下片松紧一致,前门襟挂面与衣片缝合后按造型车装饰线。帽子的边缘车缝绳道,并把抽绳放入绳道中,两端用气眼留口。腰部的碎褶要均匀一致。袖口可在相应部位用松紧带做出收口造型。

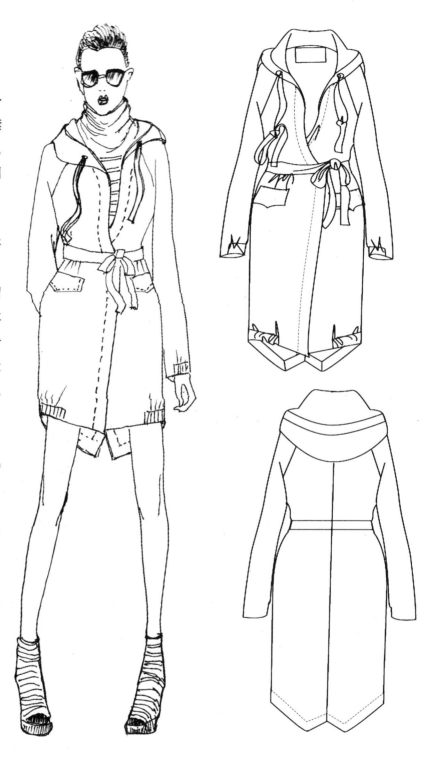

图1-4-41 连帽抽绳风衣款式图

表1-4-19 连帽抽绳风衣规格　　　　　　单位:cm

部位	衣长	胸围	肩宽	袖长	袖口
规格	85	98	39	55	27

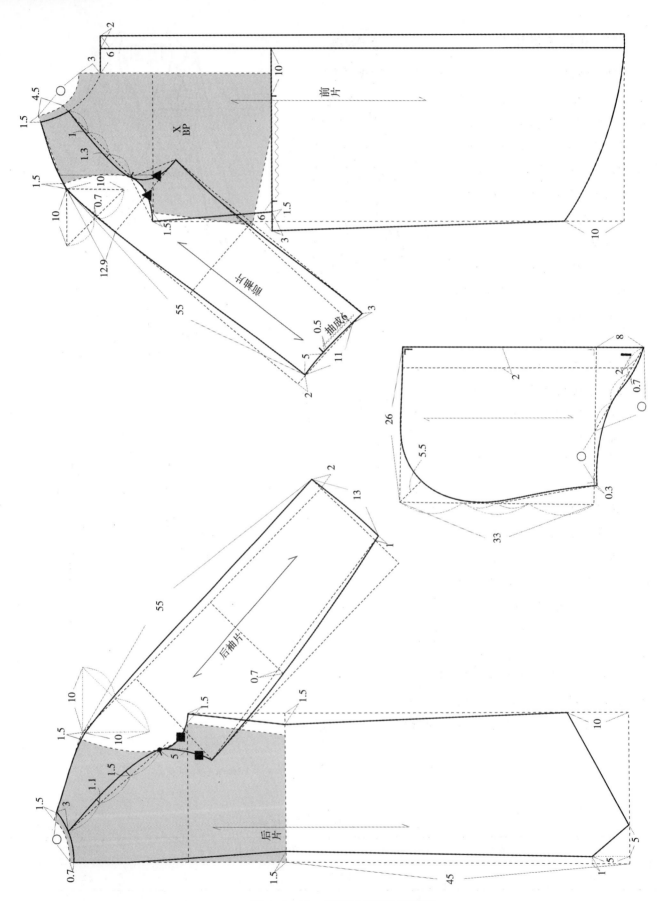

图 1-4-42　连帽抽绳风衣结构图

20. 插肩袖大衣

款式特点：

X形廓形，插肩袖耸肩造型是此款大衣的设计亮点。插肩袖大衣效果图见彩图1-21，款式图见图1-4-43。

结构特点：

衣身采用了基本结构，整个造型为松身状态，腰部略有收腰，袖子的结构设计是关键点，在插肩袖的基础上，前后袖片先合并后，再在袖山处切展加量，做出褶的结构，使肩部形成耸立的状态。插肩袖大衣衣身结构图见图1-4-44，袖子结构见图1-4-45。

适用面料：

适用各种时装类面料及毛纺面料。

工艺要点：

前门襟采用了暗门襟结构，袖子可采用插肩袖制作工艺，领口褶的制作是此款服装的关键点，中间一个褶是对摺，两边的褶分别倒向两侧。使用全里子工艺缝制。

表1-4-20 插肩袖大衣规格 单位：cm

部位	衣长	胸围	肩宽	袖长	袖口
规格	95	98	39	50	28

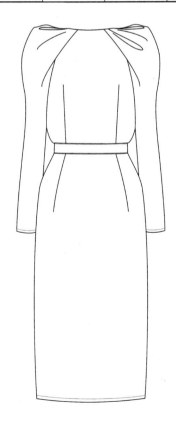

图1-4-43 插肩袖大衣款式图

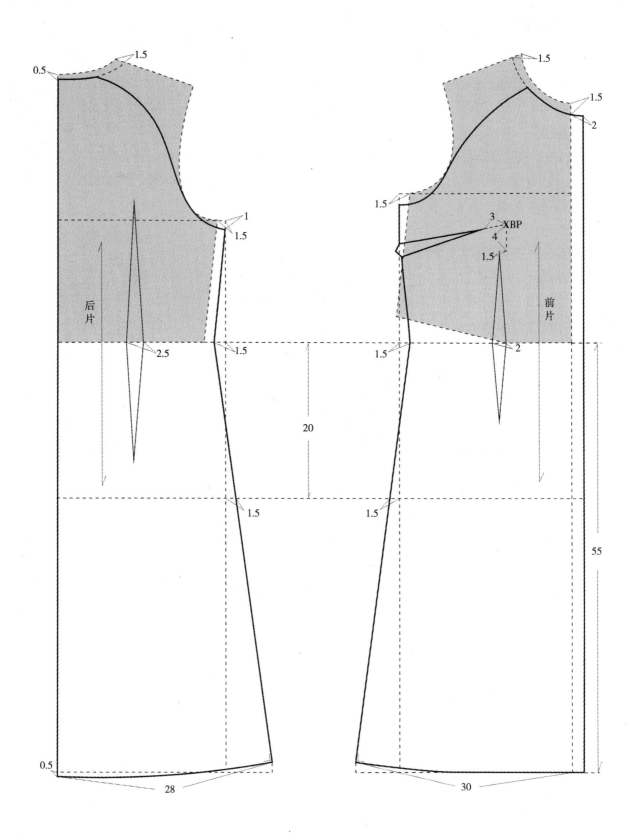

图 1-4-44　插肩袖大衣衣身结构图

21. 抽褶翻领外套

款式特点:

上衣为 H 形廓形,斜门襟,立翻领,八分袖,端庄而又大气。抽褶翻领外套效果图见彩图 1-22,款式图见图 1-4-46。

结构特点:

衣片下摆处略微收进,不对称斜门襟,领子的结构设计是此款外套的设计亮点,在翻领的结构基础上做出立领的分割后再进行切展加量,在翻领的下口增加褶量,使领子饱满而又具有立体感。前衣片的贴袋采用 45° 斜向,与衣身的正向形成对比。袖子为合体两片袖结构。抽褶翻领外套衣身结构图见图 1-4-47,袖子结构图见图 1-4-48。

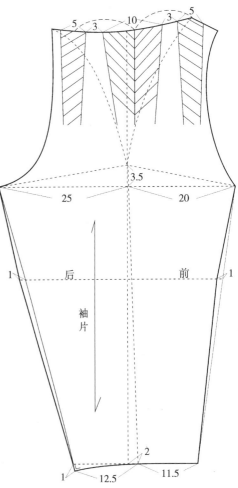

图 1-4-45　插肩袖大衣袖子结构图

适用面料:

适用成型效果较好的呢类面料,如花呢、格呢等面料。

工艺要点:

此款外套采用全里子工艺进行制作,领子的领里领面均使用面料裁制,翻领面抽褶时要做到均匀一致。贴袋的缝制采用暗线掏缝,需要先用扣烫板把袋片扣烫定型,再按照口袋定位进行缝制。襻的面、里也同样使用面料裁配。

表 1-4-21　抽褶翻领外套规格　　　　单位:cm

部位	衣长	胸围	肩宽	袖长	袖口
规格	52	96	39	45	28

图 1-4-46　抽褶翻领外套款式图

2

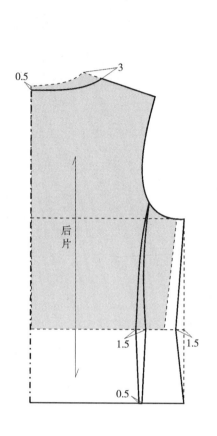
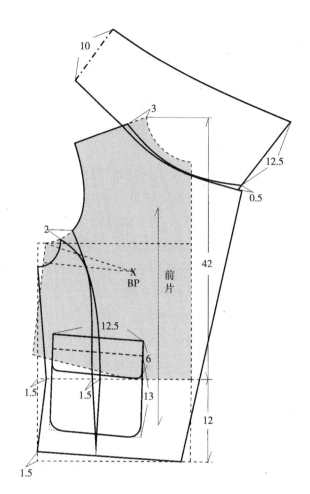
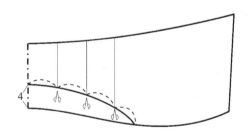
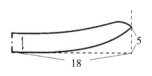
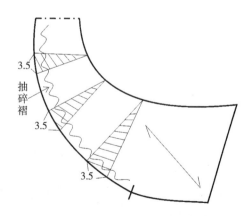
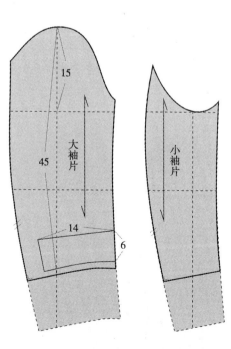

图 1-4-47 抽褶翻领外套衣身结构图

图 1-4-48 抽褶翻领外套袖子结构图

22. 弧形分割外套

款式特点：

X形外轮廓,合体修身,青果领,弧线形分割增添了此款外套的妩媚和雅致。弧形分割外套效果图见彩图1-23,款式图见图1-4-49。

结构特点：

后衣片采用了常规的合体外套结构,前身的结构线设计是此款外套的亮点,把胸省转移至肩部,从肩部向下与腰胸省连接为竖向分割线,在腰节部位,分割线呈弧线型斜向侧缝,另有一弧线分割从此点斜向前中,形成花式分割,再利用不同色彩的面料进行组合,营造出优雅别致的着装效果。袖子为合体两片袖结构,袖口有横向分割线设计,使用分割线以下部位相同面料作为装饰,与衣身形成呼应,增强了外套的整体感。弧形分割外套结构图见图1-4-50。

适用面料：

此款服装高雅精致,面料的选择应保证质地精良,各种精纺毛料是比较好的选择。

工艺要点：

弧线分割裁片的缝合,因斜度较大,车缝起来最容易出问题,应在车缝前用牵条把裁片的边缘进行熨烫定型,防止车缝过程中拉伸变形,缝合领子时要注意里外匀势,使领子做成后达到自然服帖的效果。

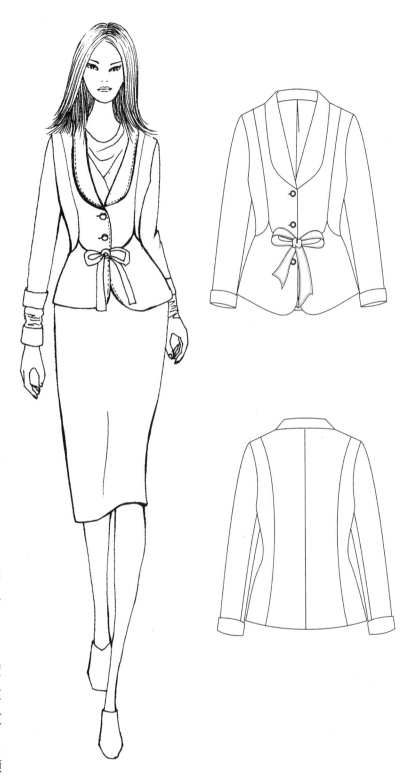

图1-4-49 弧形分割外套款式图

表1-4-22 抽褶翻领外套规格 单位:cm

部位	衣长	胸围	肩宽	袖长	袖口
规格	58	96	40	56	25

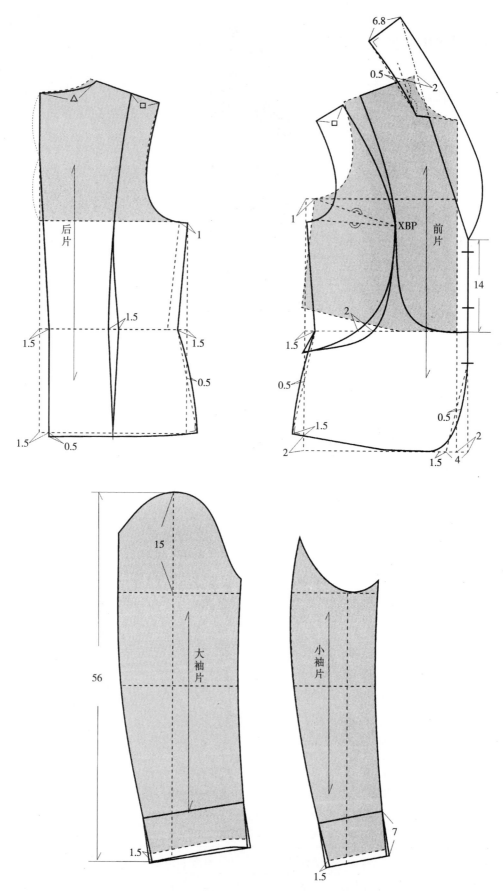

图 1-4-50　弧形分割外套结构图

第二章 裤子

一、裤子分类

在日常生活和工作中,穿裤子比穿裙子更适合人们应对环境、气候等的变化。由于裤子具有很好的功能性、运动性、防寒性和装饰性,且穿着舒适、方便,因此特别适合男女老幼等各个层次的人们穿着。裤子是服装中的主要品种之一,种类繁多,造型变化丰富。腰、臀、长度及裤口是裤子的主要变化部位,按照裤装的长度、外形轮廓以及腰线位置的高低进行以下分类。

1. 按长度分类

按照裤长自短至长的规律,可细分为三角裤、运动裤、短裤、中裤、七分裤、九分裤和长裤(图 2-1-1)。

（1）三角裤

这是长度最短的裤子,常用于内裤、游泳裤等的设计。

（2）运动裤

这种裤长一般在自然腰线下 30cm 左右,具有很好的机能性,常被用于运动短裤或一些生活时尚短裤的设计。

（3）短裤

裤长在自然腰线下 40cm 左右,常被用于一些宽松的休闲短西裤的设计。

（4）中裤

裤长遮过膝盖 10cm 左右,这种裤长是女性夏装设计中经常采用的。

（5）七分裤

裤长在小腿肚的下方,可作为时尚休闲裤子的设计。

（6）九分裤

裤长在脚踝骨的上方,这种裤长多用于女装的贴身时装裤或防寒紧身裤的设计中,是比较女性化的裤型。

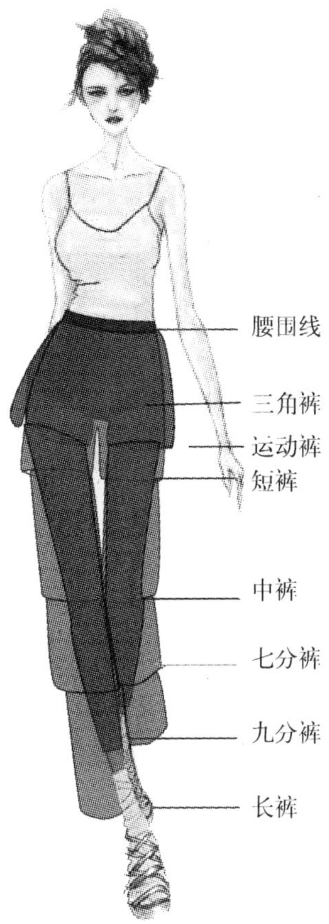

（7）长裤

裤长从腰线至脚跟,这也是基本的西裤造型。但不同造型的长裤,裤长也会有少许的差异。如窄脚口的裤子,裤长会比基本裤长缩短 2cm 左右;而宽脚口的裤子,裤长还会在基本裤长上再增加

腰围线
三角裤
运动裤
短裤
中裤
七分裤
九分裤
长裤

图 2-1-1　裤子按长度分类

2～3cm,与高跟鞋搭配时还可加长5cm左右。

2. 按外形分类

裤子根据臀部的合体程度可分为合体型、宽松型;根据裤口的外形轮廓可分为紧裤口、直裤口与宽裤口三类。在此基础上常用裤子的造型可分为以下几种(如图 2-1-2 所示):

(1)直筒裤

直筒裤是指裤腿的脚口宽与膝部相同的裤子造型。

(2)喇叭裤

喇叭裤是指裤腿的脚口宽大于膝部的裤子造型。

(3)锥形裤

锥形裤是指裤子臀部很宽松,而脚口却很窄小的裤子造型。锥形裤腰部做松紧腰,多作为时装裤或休闲裤。

(4)萝卜裤

萝卜裤是指裤型整体较宽松,而在脚口收省因而具有萝卜形造型的裤子。

(5)灯笼裤

灯笼裤裤腿宽大,裤脚口收褶并做克夫边或绱松紧带的裤子造型。根据裤长的变化,灯笼裤可用于休闲裤、运动裤等的设计。

(6)马裤

马裤这是一种大腿两侧很宽阔,小腿部分却很窄小的传统裤子造型。

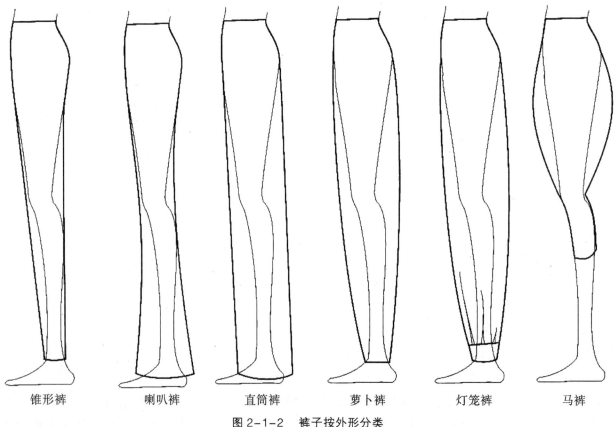

| 锥形裤 | 喇叭裤 | 直筒裤 | 萝卜裤 | 灯笼裤 | 马裤 |

图 2-1-2　裤子按外形分类

3. 按腰线高低分类

在腰线的位置变化上,裤腰高于腰围线的属于高腰裤;裤腰的位置在腰围线上的属于齐腰裤;裤腰低于腰围线的属于低腰裤,以上这些都属于裤子变化的主要特征。

二、裤子廓形、结构变化概述

在对女裤进行款式设计的时候要针对消费人群进行定位,对其消费习惯、体型特征等进行分析,从而设计出受消费者喜爱的产品。在对女裤进行结构设计时,除了要针对消费对象体型特征进行分析,确定合适的型号、制图数据之外,还要对款式图、面料等进行研究分析,从中找出款式造型特点,以便进行准确的结构定位,制作出既能修饰人体体型,又能满足人体机能需求的女裤。在对女裤造型进行分析的时候,应重点从以下几方面进行。

1. 裤子廓形分析

裤子包裹的主要人体部位是臀部,臀部成为影响裤子造型的主要因素,臀部的收紧与放松直接影响着裤子的整体造型,而裤口的宽窄变化与裤长的变化同样对裤子的外观造型有着重要的影响。根据裤子臀部的松紧和脚口的宽窄,可以把裤子的外轮廓造型归纳为四类。

（1）长方形裤(筒形裤)

长方形轮廓的裤子又称筒形裤,基本裤型呈现出的外形状态即长方形,属于中性裤,其造型特点是:长度取腰线至脚踝骨凸点,裤摆取直线,裤摆与中档宽窄一致。长方形裤子臀部的结构处理很灵活。

（2）倒梯形裤(锥形裤)

倒梯形轮廓的裤子又称锥形裤,其造型特点是夸张臀部,采用腰部打褶和高腰、收紧脚口的手法,有意造成宽臀和裤口的反差。其长度在脚踝骨凸点上方。这种裤型脚口减小到小于足围尺寸时,裤口应做开衩设计。

（3）梯形裤(喇叭裤)

梯形裤的造型特点是臀部紧身、低腰、无褶,裤长加长至脚面,裤摆增宽成喇叭状,喇叭口的起点可以在髌骨线上下浮动。

（4）菱形裤(马裤)

菱形裤的造型特点是腰部收紧,两侧逐渐向下隆起,至膝关节突然收紧,小腿呈贴体造型。

2. 裤子结构线分析

结构线又称分割线,裤子的分割线多用来表现合体和塑型,一般不是纯装饰性的,而是带有某种功能性。有时也会为了某种裤子特殊造型而采用分割结构。裤子分割线分为横向线、竖向线、直线、斜线、曲线等不同形式,这些结构线可单独以某种状态存在,也可以组合使用,例如:直线和曲线的组合、横向线和竖向线的组合等等。同时,分割线可与褶裥结合使用,也可把省量转移进分割线。不管分割线以哪种形式出现,都要以人体结构和款式特征为依据进行设计和绘制。

3. 裤子腰部造型分析

裤子腰部造型可从腰位和形状两个方面进行分析。

裤子腰位的变化有三种,即高腰、中腰和低腰。高腰是对女性臀部造型进行强调的设计,腰位在正常腰位线以上,一般和菱形造型的裤子配伍。中腰的腰位和人体的实际腰位相吻合,可选择的裤子廓形非常广泛。低腰的腰位在正常腰位线以下,因臀部高度减少,臀腰差也相应减弱,收省处理不十分明显,一般和梯形裤配伍。

根据腰的宽度可把腰部形状分为宽、中、窄三种状态,同时腰部还会有襻、带等造型设计,需要根据款式要求进行细致分析。

4. 裤子口袋造型分析

裤子的口袋可分为插袋、挖袋和贴袋三种类型。三种类型的口袋都需要对口袋的外形进行长度、深度和外轮廓造型的分析,正常状态下,袋口的宽度和深度需要以着装者的手掌尺寸做参照,例如:袋口宽应以手掌最宽值作为最小值,袋口深应以手掌最长值作为最小值。口袋的外形轮廓则要根据款式图的造型进行相应的制图。

5. 面料分析

面料是构成裤子的基础,在对裤子进行结构制图时,必须对即将使用的面料进行分析,从而确定加放松度的准确量。服装的加放松度除了受人体正常运动量的影响之外还受面料性能的影响。同时,还要针对面料的柔软度、悬垂度等对裤子造型的影响进行分析。

图2-3-1 女裤原型款式图

三、女裤原型结构设计

1. 女裤原型款式

女裤原型是本书12款经典女裤款式造型的基础,具有造型简单、落落大方的造型特点,其效果图如彩图2-1所示,款式图如图2-3-1所示。

2. 女裤衣身原型规格

本书以160cm身高女性为例,其裤子原型规格如表2-3-1所示。

表 2-3-1　女裤原型规格　　　　　　　　　　　　　　　　　单位：cm

部位	身高	裤长	腰围	臀围	立裆	中裆
规格	160	100	66	88	25.5	39

3.女裤原型结构图制图步骤

前片结构图 1：

① 基本线：距图纸边 8cm 画一水平线，如图 2-3-2 所示。

② 裤口线：距图纸边 3cm 画一垂直线。

③ 腰围线：从裤口线向右量裤长数据。

④ 立裆深：从腰围线向左量总体高 ×0.1+9.5cm。

⑤ 臀围线：从横裆线到腰围线的 1/3 处。

⑥ 中裆线：从横裆线向左量立裆尺度。

⑦ 前裆直线：从基本线向上量臀围 /4-0.5cm。

⑧ 裤中线：从基本线向上量前臀围大的 3/5。

⑨ 小裆大：从基本线向上量臀围 /20-0.9cm。

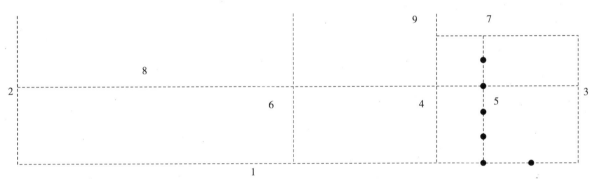

图 2-3-2　女裤原型前片结构图 1

前片结构图 2：

① 侧缝劈进：从基本线向上量腰臀差 /10 − 0.2cm，如图 2-3-3 所示。

② 前裆劈进：从前裆直线向下量腰臀差 /20 + 0.4 cm。

③ 前腰凹进：从腰围线向左量 1 cm。

④ 前腰省大：从裤中线为中心，省大按腰臀差 /10 − 0.5cm。

⑤ 前中裆大：从裤中线为中心，按中裆大 ×0.5-1.5cm。

⑥ 前裤口大：与前中裆大相同，裤口大小按设计效果。

⑦ 画顺前侧缝弧线。

⑧ 画顺前裆弧线。

⑨ 画顺前下裆弧线。

后片结构图：

① 基本线：从前侧缝直线向下量臀围 /20 − 1.5cm，如图 2-3-4 所示。

② 后裆直线：从基本线向上量臀围 /4+0.5cm。

③ 劈进：从基本线向上量腰臀差 /20 − 0.5cm。

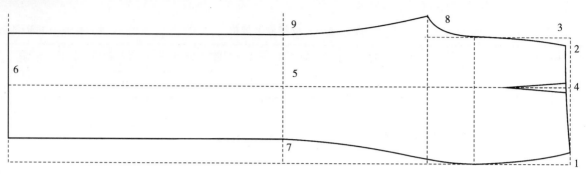

图 2-3-3　女裤原型前片结构图 2

④ 斜线：从腰围线向下量腰臀差 /10+0.3cm 向右量：1.8cm。

⑤ 省大：后腰围线 1/2 为中心，腰臀差 /10+0.3cm。

⑥ 劈进：从后裆斜线向下量腰臀差 /20 + 0.3cm。

⑦ 落裆：从前横裆线向左 1.2cm。

⑧ 中裆大：从前中裆向外扩 1.5cm。

⑨ 裆宽：从后裆直线下端向上量臀围 /10+1.2cm。

⑩ 侧缝弧线。

⑪ 后裆弧线。

⑫ 后下裆弧线。

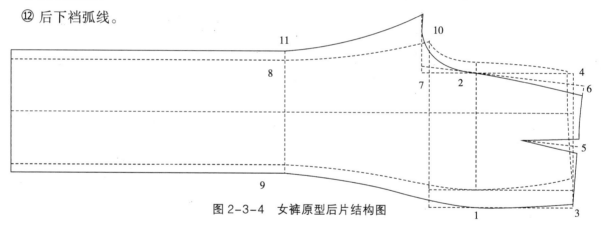

图 2-3-4　女裤原型后片结构图

四、裤子结构设计应用

1. 铅笔裤

款式特点：

　　铅笔裤的外轮廓为狭窄的倒梯形，腰、臀、腿部紧贴在人体相应的部位，呈现出细长的状态，能够很好地表现出女性下身的玲珑曲线，但对体型的要求较高，偏胖或偏瘦的体型都不适合穿着此款。铅笔裤效果图见彩图 2-2，款式图见图 2-4-1。

结构特点：

　　由于铅笔裤的造型是紧贴在人体相应部位的，裤子各部位和人体之间的空隙度极小，所以在进行主要控制部位的设计时应考虑到款式的特点，再进行数据的确定，臀围一般采用净体尺寸或者减小臀围数据,中裆和脚口略加松量。后裤片中裆线和立裆深线之间的长度应适当减少,以避免出现大腿后部堆褶的弊病。此款铅笔裤前裤片的微弧形分割线能增加女性腿部的柔美感,弧线的绘制应注意其弧度的把握,在距侧缝 4 ～ 5cm 处比较合适,能在视觉上有效地减少腿部的宽度。拉链装饰显得干练帅气,斜门襟造型时尚别致。铅笔裤结构图见图 2-4-2。

适用面料:

有弹力的面料比较适合制作铅笔裤,如棉针织、涤针织、锦类、弹力牛仔等面料。

工艺要点:

缝制的过程中不能用力拉扯裁片,防止裁片变形,选用针织面料时应用 10 号、11 号圆头机针,底线为弹力线。缝合内侧缝时,后裤片中裆线以上部位应用力拔开。

表 2-4-1　铅笔裤规格　　　　　　　　　单位:cm

部位	裤长	腰围	臀围	脚口	立裆	腰头宽
规格	96 ～ 98	68	88	28	23.5	3.5

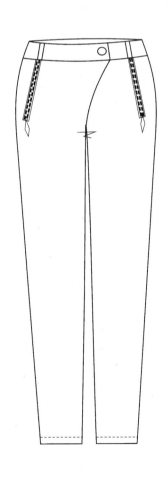
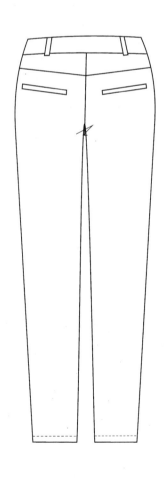

图 2-4-1　铅笔裤款式图

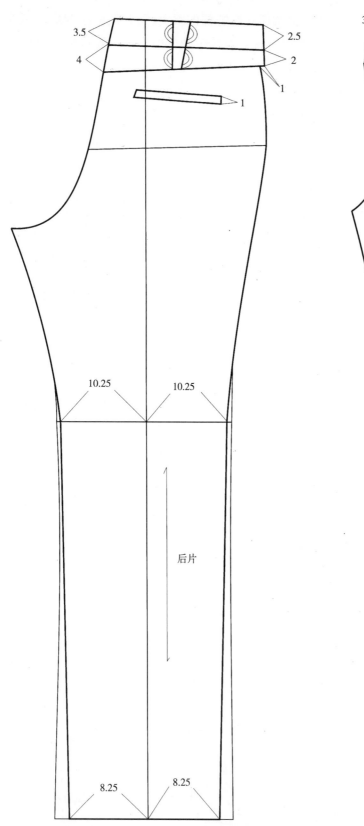
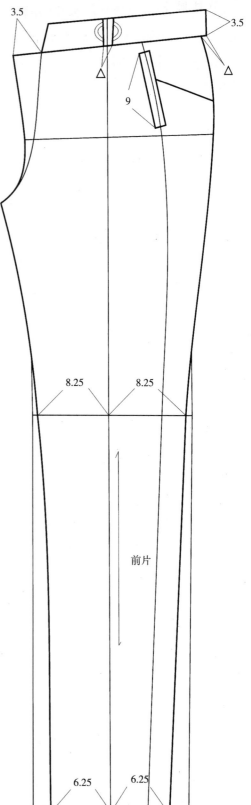

图2-4-2　铅笔裤结构图

2. 小直筒裤

款式特点：

小直筒裤的外轮廓为狭窄的长方形，腰、臀部呈合体状态，中裆线以下自然松开，呈直筒状，能够很好地修饰小腿腿型，适合腰臀线条柔美、小腿略粗的体型穿着。小直筒裤效果图见彩图2-3，款式图见图2-4-3。

结构特点：

小直筒裤的腰臀部较为合体，臀围和人体之间略有空隙，一般应在净体尺寸的基础上加放2～4cm，如果是有弹力的面料，可以使用净体臀围数据。脚口数据可以采用和中裆相同的数据，也可以采用比中裆略小的数据。微弧形的双嵌口袋和侧缝的斜省是此款小直筒裤的设计亮点。小直筒裤结构图见图2-4-4。

适用面料：

适用有一定挺括感的面料，有微弹力或无弹力的面料均可。

工艺要点：

缝制的过程中应保持上下片的层次一致，在选择缝纫线和机针时应考虑所使用面料的特性。后裆弯缝制时应拔开。侧缝斜省缝制时要注意向前略推送裁片，以免起涟型波纹。省尖和袋口下端的连接处因缝份较小，应谨慎处理。

表2-4-2　小直筒裤规格　　　　　　　　　单位：cm

部位	裤长	腰围	臀围	脚口	立裆	腰头宽
规格	98～100	68	88	38	23.5	5

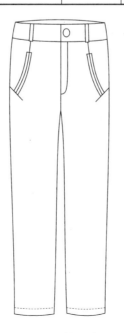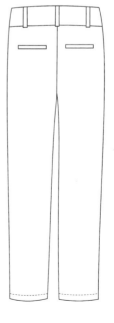

图2-4-3　小直筒裤款式图

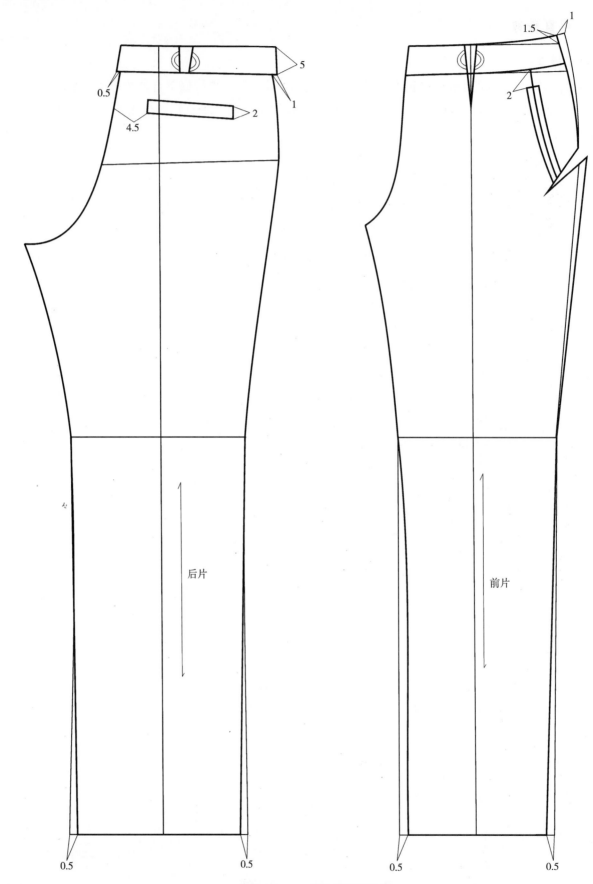

图 2-4-4　小直筒裤结构图

3. 中直筒裤

款式特点：

中直筒裤的外轮廓为长方形，腰、臀部呈合体状态，从臀围点向下自然松开，呈现较宽的直筒状，能够很好地掩饰腿型的不完美，从视觉上拉长身高。中直筒裤效果图见彩图 2-4，款式图见图 2-4-5。

结构特点：

中直筒裤的腰臀部较为合体，臀围和人体之间略有空隙，一般应在净体尺寸的基础上加放 2～4cm，如果是有弹力的面料可以使用净体臀围数据。脚口和中裆的数据相同，大于小直筒裤，呈现较宽的长方形。前省和横向的分割线相互连接，是此款中直筒裤的结构设计亮点。中直筒裤结构图见图 2-4-6。

适用面料：

适用有悬垂感、飘逸、柔软的面料，如麻料、真丝、天丝、乔其纱、长丝类面料。

工艺要点：

此种裤型适合的面料都较为柔软，缝制的过程中应保持上下片的层势一致。局部的松紧不一，会严重影响裤腿的悬垂和飘逸，制做袋盖时应保持面松里紧，里外匀势自然贴服。脚口应采用手工缭边或用撬边机撬边缝制。

表 2-4-3　中直筒裤规格　　　　　单位：cm

部位	裤长	腰围	臀围	脚口	立裆	腰头宽
规格	105～110	68	90	48	23.5	3

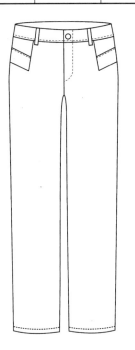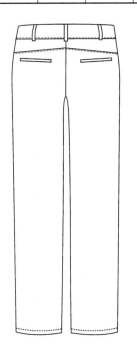

图 2-4-5　中直筒裤款式图

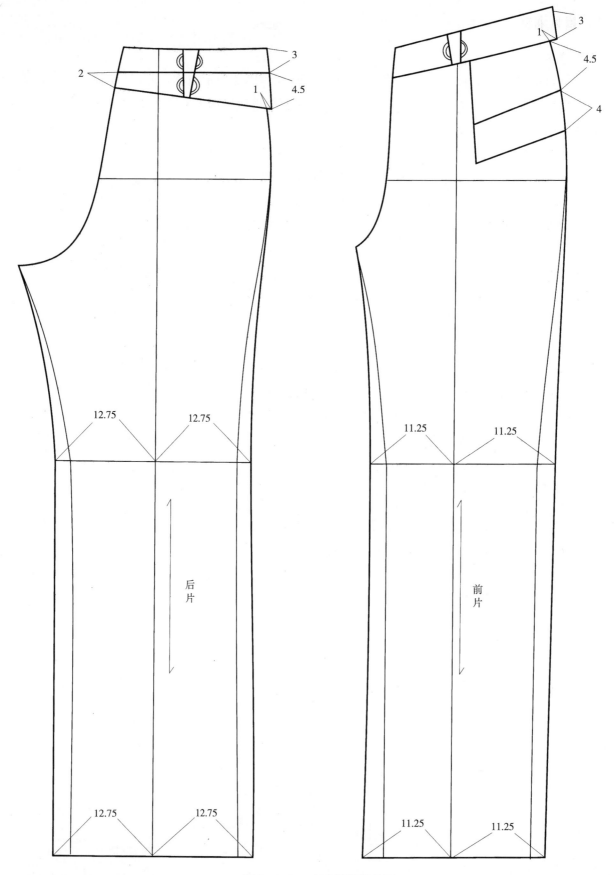

图 2-4-6　中直筒裤结构图

4. 喇叭裤

款式特点:

外轮廓呈梯形,喇叭裤有小喇叭裤、中喇叭裤和大喇叭裤之分,随着脚口宽度的增大,喇叭状也逐渐增大,此款裤子造型为大喇叭,脚口呈大的喇叭状,腰臀部位较为合体。此款造型能很好地表现与众不同的个性,飘逸而潇洒。喇叭裤效果图见彩图 2-5,款式图见图 2-4-7。

结构特点:

脚口数据一般为 50 ～ 60cm 之间,数据越大喇叭状越突出。此款前中有一个规则褶,褶量较大,在褶位处采用平行加量的方法增加褶量,褶量为 3 ～ 4cm。脚口采用对称加量的方法按脚口大数据进行平分。口袋一端压在褶的下面,腰线降低,用低腰结构处理腰部,以突出脚口的潇洒感。喇叭裤结构图见图 2-4-8。

适用面料:

适用有悬垂感、飘逸、柔软的面料,如麻料、真丝、天丝、乔其纱、长丝类面料。

工艺要点:

缝制的过程中应保持上下片的层势一致。局部的松紧不一,会严重影响裤腿的悬垂和飘逸,前中的褶应按对位点折叠整齐,避免出现内、外甩现象。脚口应采用手工缭边或用撬边机撬边缝制。

图 2-4-7　喇叭裤款式图

表 2-4-4　喇叭裤规格　　　　　　　　　　单位:cm

部位	裤长	腰围	臀围	脚口	立裆	腰头宽
规格	105 ～ 110	68	91	56	23.5	3

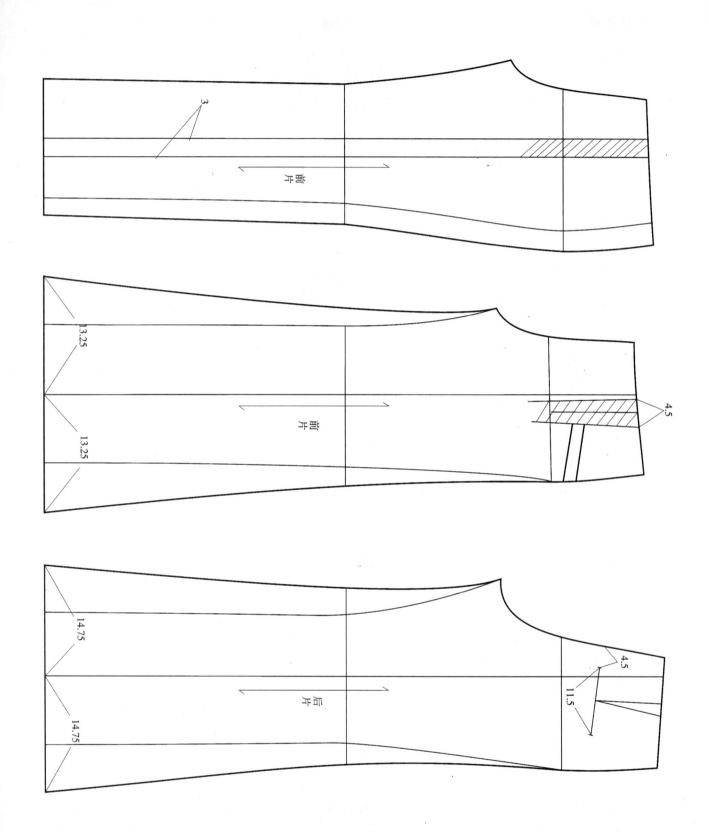

图 2-4-8　喇叭裤结构图

5. 灯笼裤

款式特点：

臀部、裤腿都较为宽松，脚口收紧，呈现出灯笼造型。灯笼裤效果图见彩图2-6，款式图见图2-4-9。

结构特点：

臀部数据适当加大，前身褶的设计可以增加臀部的膨胀感，大腿围数据较大，内、外侧缝线呈斜直线状态，可以在直筒裤的结构基础上进行变化，脚口采用松紧带抽碎褶的形式进行收口设计，适合和高腰或者中腰造型配伍。灯笼裤结构图见图2-4-10。

适用面料：

适用有悬垂感、飘逸、柔软的面料，如麻料、真丝、天丝、麻纱等面料。

工艺要点：

前身腰口和袋口的褶应按对档位折叠，脚口的松紧带应松紧适度，太松或太紧都会影响造型，缝制时先把松紧带两头固定为圈状，再放在脚口折边中车缝折边。如果采用宽松紧带，可在中间车缝一道。也可采用松紧底线车线的方式进行收口造型的制作。

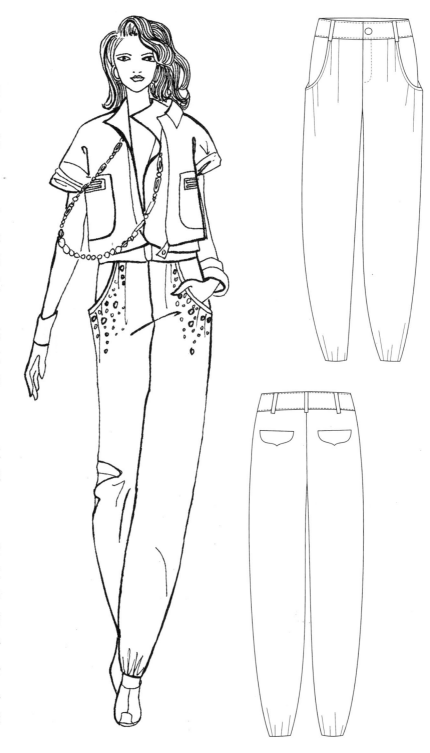

图2-4-9　灯笼裤款式图

表2-4-5　灯笼裤规格　　　　单位：cm

部位	裤长	腰围	臀围	脚口	立裆	腰头宽
规格	98～100	68	94	松紧带抽褶后宽26	25	4.5

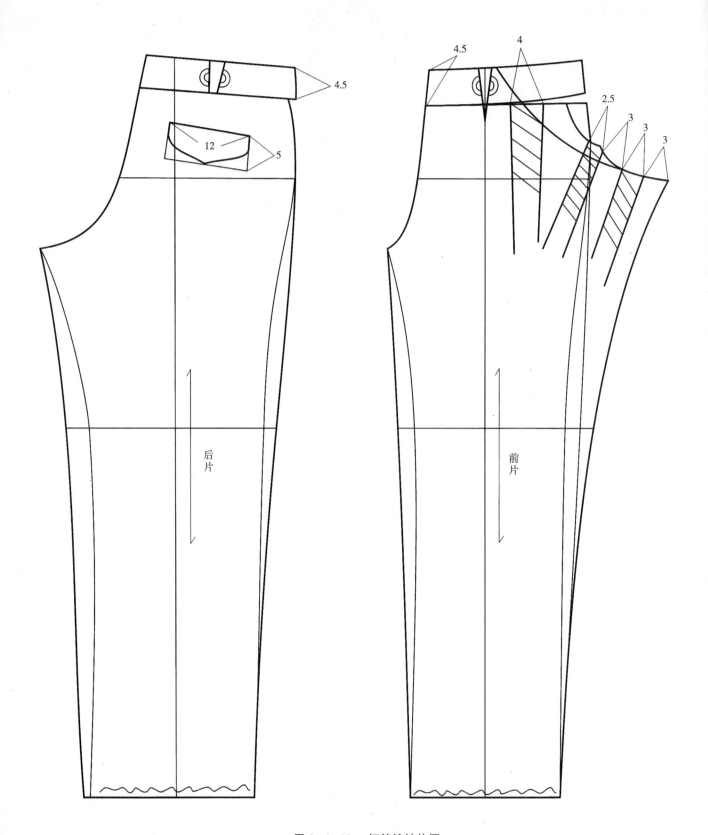

图 2-4-10　灯笼裤结构图

6. 哈伦裤

款式特点:

哈伦裤是近年来流行的一种裤型,因松散的臀部造型和自然收紧的脚口配合,能有效掩饰穿着者不太完美的臀部和大腿部,在视觉上有使下肢显瘦的效果,一般采用低腰设计,臀部夸张,袋口松弛,中裆线以下收紧,类似于马裤造型,显得前卫时尚。哈伦裤效果图见彩图 2-7,款式图见图 2-4-11。

结构特点:

哈伦裤是在铅笔裤的基础上演变的,其结构特点主要集中在前裤片上,结构设计的第一步首先要在裤原型的基础上做出铅笔裤的基本造型,再把臀围数据加大、立裆深适当加深,再在前裤片上进行褶的处理。褶是哈伦裤最大的造型特色,一般会在前身有两个规则褶设计,褶从中裆线以上部位进行切展加量,加量后在相应位置绘制规则褶,褶略向侧缝斜,袋口加大 3 ~ 4cm,穿着后出现自然荡量,显得潇洒大气,臀围至中裆处适当加量,侧缝线自然连接画顺,中裆线以下与铅笔裤基本型重合,腰部外翻装饰,借用了翻领的造型。哈伦裤结构图见图 2-4-12。

适用面料:

适用略带弹力、柔软的面料,如棉针织、涤针织、锦类、毛弹面料等。

工艺要点:

规则褶的折叠应注意倒向,腰部外翻的装饰造型在制作时应注意把握松度。袋口多出的量在制作时顺势推回至侧缝进行车缝,因袋口做好后形成自然的垂荡,所以袋口一定要用本布加内贴边。

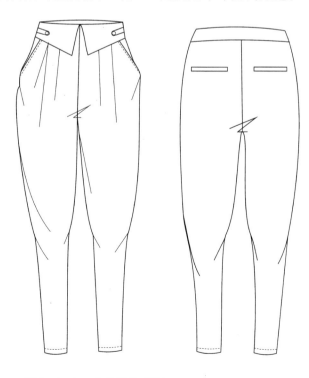

图 2-4-11 哈伦裤款式图

表 2-4-6　哈伦裤规格　　　　　　　　　　　　　　　　单位：cm

部位	裤长	腰围	臀围	脚口	立裆	腰头宽
规格	96～98	72	94	30	25	5

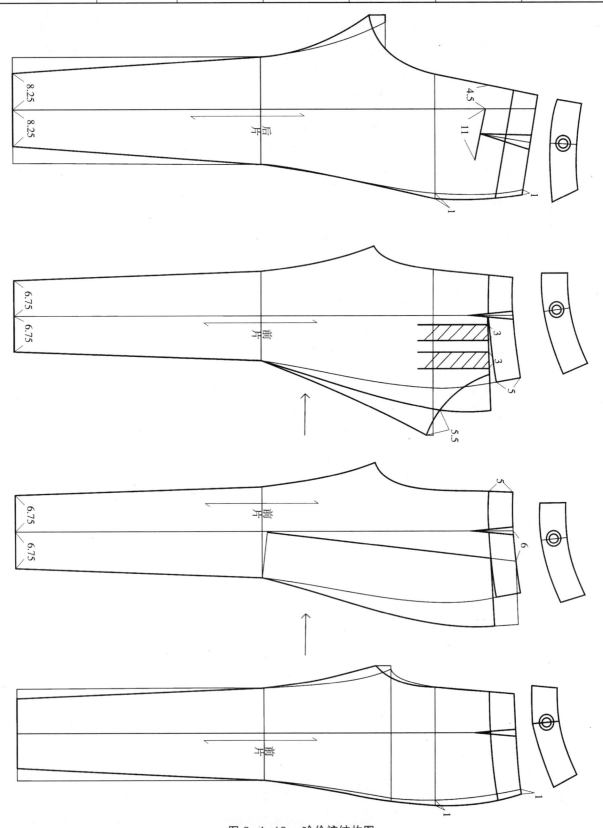

图 2-4-12　哈伦裤结构图

7. 短裤

款式特点：

裤长至大腿中上部，裤口外翻边造型，略微松身，外轮廓呈 H 形，干练帅气。短裤效果图见彩图 2-8，款式图见图 2-4-13。

结构特点：

腰部不对称拉襻设计，前身规则褶，裤口自然散开，装饰拉链的位置和斜度是此款造型的关键。短裤的后片应在前裤片的基础上低落 2.5～3cm，和前裤片内侧缝的差量在后裤片脚口处补上。短裤结构图见图 2-4-14。

适用面料：

适用柔软舒适的面料，如水洗棉、牛仔等面料。

工艺要点：

腰部拉襻较为复杂，要先做好拉襻上的小装饰襻缝合拉襻，前裤片上的拉链在缝制时采用开嵌袋的方法，注意两头不可毛漏。脚口翻边翻上后要略有松势，不可太紧。

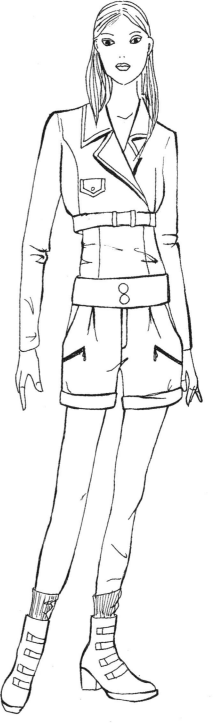

图 2-4-13　短裤款式图

表 2-4-7　短裤规格 单位：cm

部位	裤长	腰围	臀围	脚口	立裆	腰头宽
规格	42	68	92	58	24	6

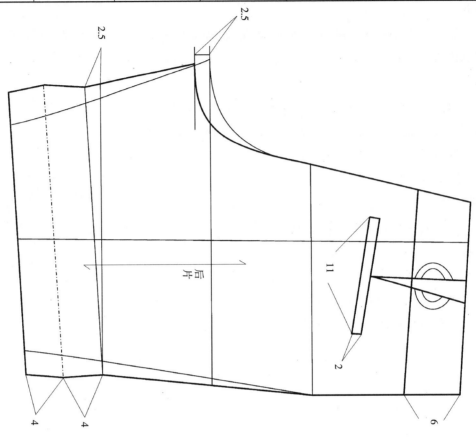

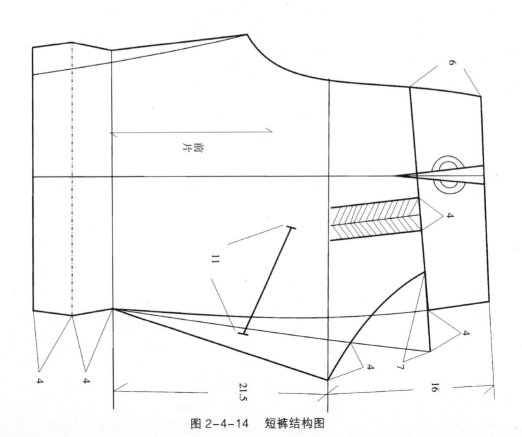

图 2-4-14　短裤结构图

8. 高腰裤

款式特点：

在小直筒裤型的基础上加高腰部，达到胸围线至腰围线的 1/2 处，能有效地拉长腿部线条，修饰腰腹部。侧贴袋及腰部分割线的设计是此款高腰裤的设计亮点，显得时尚而又休闲。高腰裤效果图见彩图 2-9，款式图见图 2-4-15。

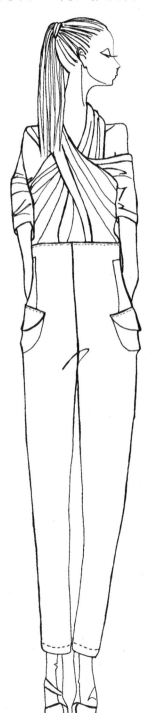

结构特点：

高腰，在原型腰位基础上向上抬高 10cm 左右，腰部贴体，裤腿的造型和小直筒裤接近，前身设两个明贴袋，后中装隐形拉链。高腰裤结构图见图 2-4-16。

适用面料：

适用带弹力的柔软面料，如棉针织面料、锦类面料、仿毛面料等。

工艺要点：

前贴袋布及袋盖按净版扣烫，明缉线应宽窄一致。装隐形拉链时应使用单边压脚，缝线距离拉链齿太远会露拉链，太近会破坏拉链的拉合顺畅。装袋盖时应做出窝势，使袋盖平服。

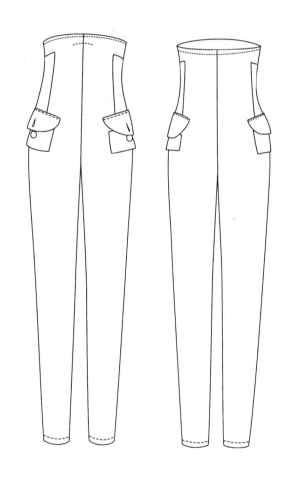

图 2-4-15　高腰裤款式图

表 2-4-8　高腰裤规格 　　　　　　　　　　　　　　　　　单位：cm

部位	裤长	腰围	臀围	脚口	立裆	腰头宽
规格	98～100	68	90	30	24	连腰高10

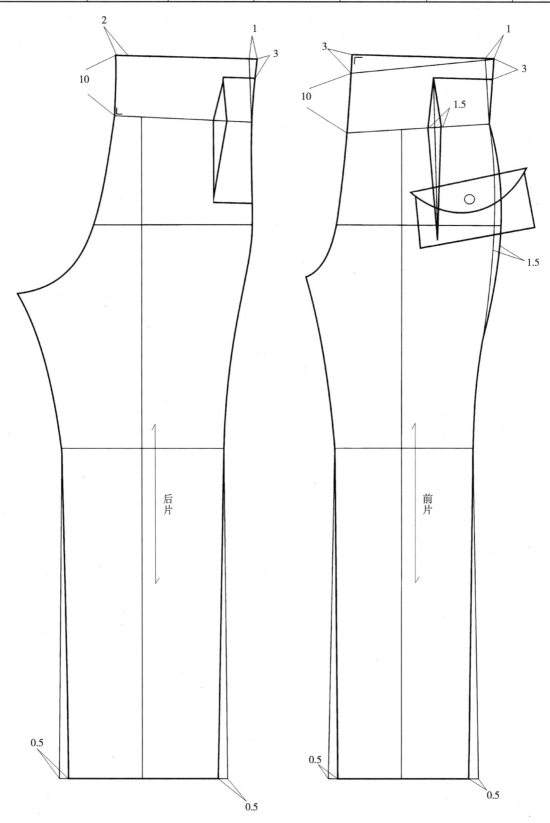

图 2-4-16　高腰裤结构图

9. 连身裤款式一

款式特点：

裤子为哈伦裤造型,腰口及袋口有两个大的规则褶,呈现出上宽下窄的造型,能很好的修身体型,上身背心式造型,肩部有过肩设计,分割线处加碎褶,腰口出的规则褶与裤子腰口出的褶对应。整个造型张弛有度,时尚而又雅致。

结构特点：

臀部数据加大,臀围有较大松量,前身有两个规则褶,褶略向侧缝斜,袋口加大,穿着后出现自然松褶,侧缝袋口处设计有对应的褶,以加大两侧的松量,臀围至中档处加大,中档线以下可采用铅笔裤裤腿的造型,前中装隐形拉链。后裤片也有褶的设计。连身裤款式一结构图见图2-4-18。

适用面料：

适用略带弹力、柔软的面料,如棉针织、涤针织、锦类、毛弹面料等。

工艺要点：

规则褶的折叠应注意倒向,制作时应注意把握松度。装隐形拉链时应使用单边压脚,缝线距离拉链齿太远会露拉链,太近会破坏拉链的拉合顺畅。

图2-4-17　连身裤款式一款式图

表2-4-9　连身裤款式一规格　　　　单位：cm

部位	裤长	腰围	臀围	脚口	立裆
规格	96～98	70	107.5	30	28

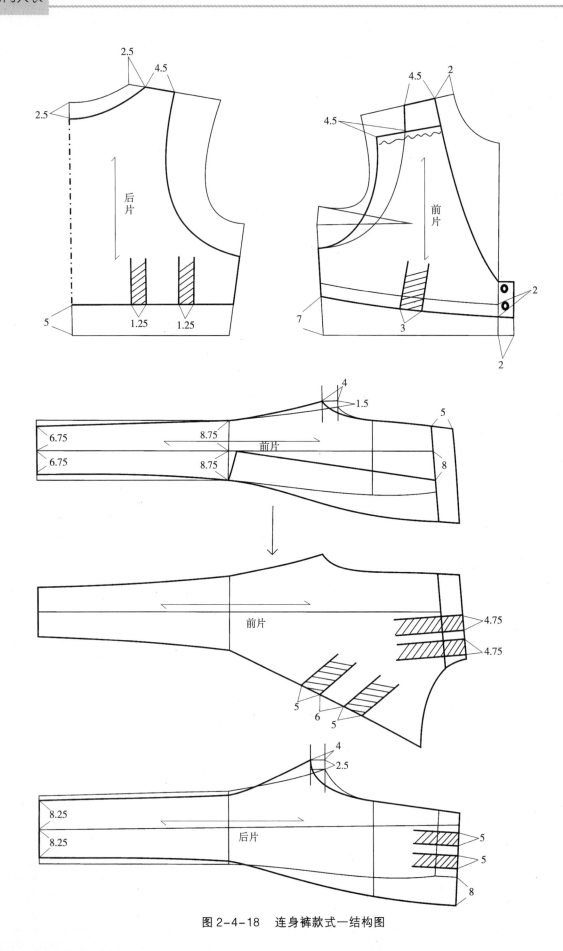

图 2-4-18　连身裤款式一结构图

10.连身裤款式二

款式特点：

八分长中直筒裤型和背心上衣连接，连接处用松紧带设计，形成自然碎褶。连身裤款式二效果图见彩图2-11，款式图见图2-4-19。

结构特点：

裤子可采用中直筒裤型的结构，裤长长度是长裤的80%，立裆深加深，臀围量和腰围量加大。前后上身交叠与裤腰口对接。连身裤款式二结构图见图2-4-20。

适用面料：

适用较为柔软的悬垂感好的各种轻薄面料。

工艺要点：

上身边缘斜度较大，制作时采用贴边或包边工艺，制作时不可拉扯，裤子后裆弯缝合时采用拔开工艺，上下身连接处可采用宽松紧带，也可采用松紧底线拉缝。

表 2-4-10　连身裤款式二规格　　单位：cm

部位	裤长	腰围	臀围	脚口	立裆
规格	86.5	109.8	122	66	34

图 2-4-19　连身裤款式二款式图

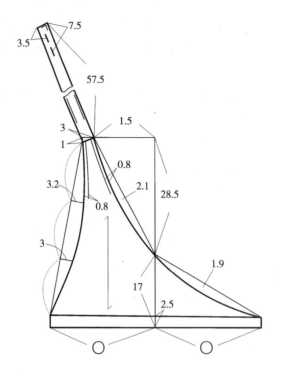

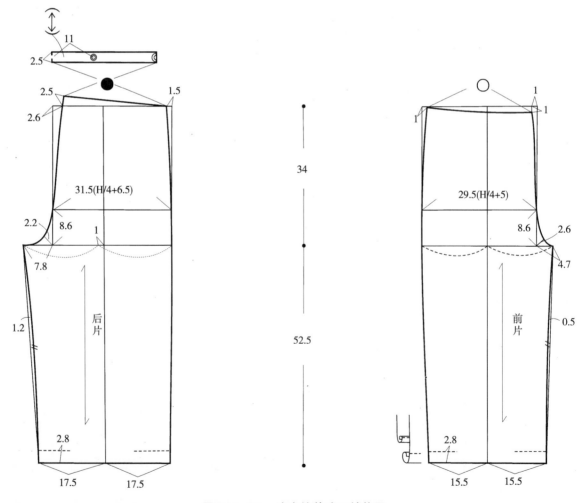

图 2-4-20　连身裤款式二结构图

11. 牛仔铅笔裤

款式特点:

外轮廓为狭窄的倒梯形,腰、臀、腿部紧贴在人体相应的部位呈现出细长的状态,对体型的要求较高,偏胖或偏瘦的体型都不适合穿着此款。牛仔铅笔裤效果图见彩图 2-12,款式图见图 2-4-21。

结构特点:

由于铅笔裤的造型较为合体,确定主要控制部位的数据时,应考虑到款式的特点。臀围一般采用净体尺寸或者减小臀围数据,中裆和脚口略加松量。后裤片中裆线和立裆深线之间的长度应适当减少,以避免出现大腿后部堆褶的弊病。牛仔铅笔裤结构图见图 2-4-22。

适用面料:

弹力牛仔。

工艺要点:

缝制的过程中不能用力拉扯裁片,以防止裁片变形,缝合内侧缝时,后裤片中裆线以上部位应用力拔开,使后裤片更加贴体。

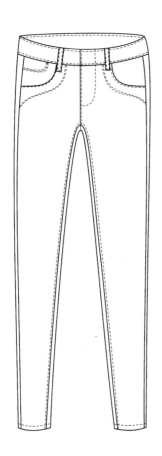
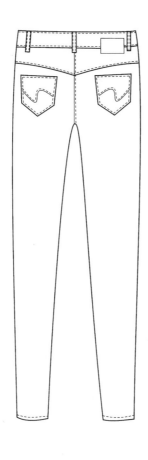

图 2-4-21　牛仔铅笔裤款式图

表 2-3-11　牛仔铅笔裤规格　　　　　　　　　　单位：cm

部位	裤长	腰围	臀围	脚口	立裆	腰头宽
规格	96～98	68	88	28～30	23.5	4

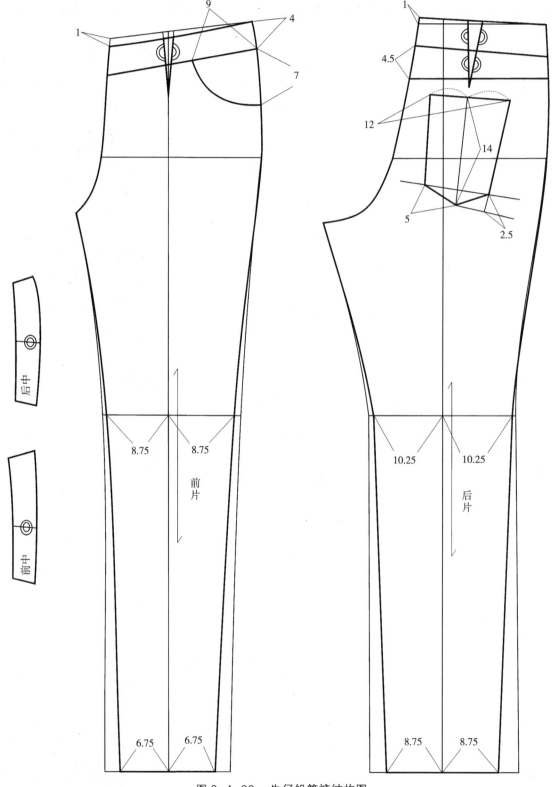

图 2-4-22　牛仔铅笔裤结构图

12. 裙裤

款式特点：

裙裤是介于裙装和裤装之间的过渡款式，兼具裙和裤的特点。基本款的裙裤臀围较为合体，脚口宽大，外观看上去像裙子，便于运动。此款是基础款的变化款式。裙裤效果图见彩图2-13，款式图见图2-4-23。

结构特点：

基础款裙裤是在裙装的基础上增加了裆部结构，从而形成裤装结构。此款裙裤臀围有较大松量，并通过在腰部加褶和脚口处加克夫收口，从而使裤身形成蓬松的造型款式。裙裤结构图见图2-4-24。

适用面料：

适用有悬垂感、柔软的面料，如麻料、真丝、长丝类面料等。

工艺要点：

适合此款裤型的面料有一定的柔软度，因此在缝制的过程中应保持上下片的层势一致，局部的松紧不一会严重影响裤腿的悬垂和飘逸。前后片的褶应按对裆点折叠整齐，避免出现内、外甩现象。

表2-4-12　裙裤规格　　　　　单位：cm

部位	裤长	腰围	臀围	脚口	立裆
规格	87	70	112	80	29

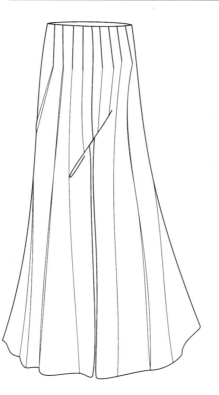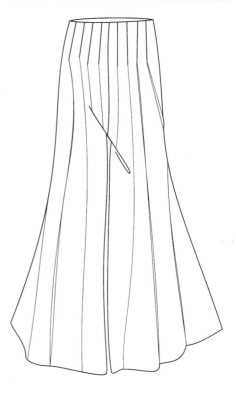

图2-4-23　裙裤款式图

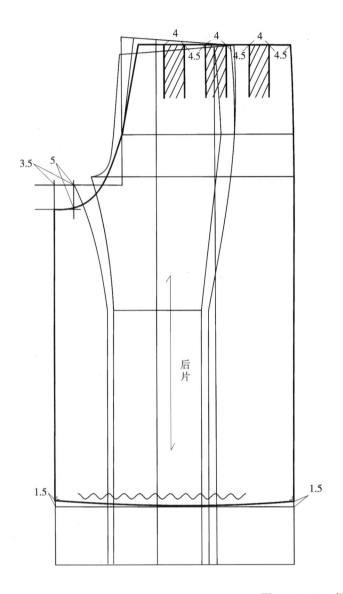
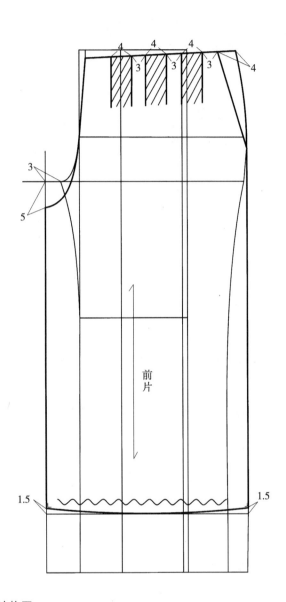

图 2-4-24　裙裤结构图

第三章　裙子

一、裙子分类

　　裙子是围穿在人体下半身的服装,是女性的主要下装之一。由于裙子的造型简单,且穿着舒适,是很能展现女性的柔美、韵味和风采的服装,因而深受女性的喜爱。裙子的款式变化丰富,根据不同的时间、场合和目的,有不同的设计,而且裙子的穿用范围非常广泛,几乎可以适合各种场合。裙子的种类繁多,分类的方式也有很多种类。

1. 按长度分类

　　裙子按长度分类可分为超短裙、短裙、基本裙、长裙和全长裙,如图 3-1-1 所示。

　　（1）基本裙

　　基本裙的裙长稍遮过膝盖,一般在腰节线下 60cm 左右,是套裙中裙子的标准长度,能给人以典雅庄重的感觉。

　　（2）短裙

　　短裙的长度在膝盖上方 10 ～ 20cm 之间。是现代裙套装中应用最多的裙长。

　　（3）超短裙

　　超短裙的长度一般在腰节线下 30 ～ 35cm 左右,给人以前卫、时尚、活力和动感。这种裙长被广泛应用在各种运动型的裙子设计中,如网球裙、花样滑冰裙等。

　　（4）长裙

　　长裙的裙长在小腿的中部,多用于秋冬季裙子的设计。

　　（5）全长裙

　　全长裙的长度长至脚面以下,多用于礼服型长裙的设计。

2. 按造型分类

　　裙子的造型很多,这里根据各种裙子的不同结构特征归纳出了五种变化规律,下面分别加以说明。

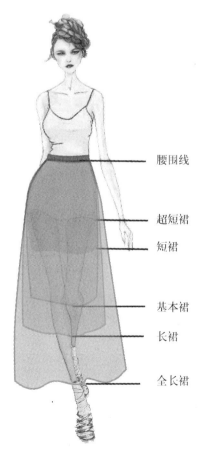

腰围线

超短裙

短裙

基本裙

长裙

全长裙

图 3-1-1 裙子按长度分类

（1）以腰节线高低变化的裙子

以自然腰线为基础进行腰线高低变化的裙子，如无腰裙、低腰裙、宽腰裙、高连腰裙等，如图3-1-2所示。

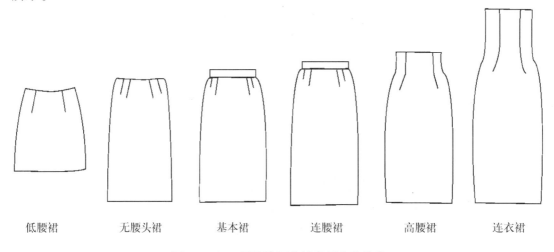

| 低腰裙 | 无腰头裙 | 基本裙 | 连腰裙 | 高腰裙 | 连衣裙 |

图3-1-2　裙子按腰节线高低变化分类

（2）以下摆宽窄变化的裙子

以基本形裙子为基础，进行下摆宽窄变化的裙子，如窄裙、A字裙、喇叭裙等，如图3-1-3所示。

图3-1-3　裙子按下摆宽窄变化分类

（3）以结构线变化的裙子

在裙身上作各种结构分割线变化的裙子，其结构线有纵向、横向及斜向的变化，如图3-1-4所示。

| 一片裙 | 四片裙 | 八片裙 | 横剪接裙 |

图3-1-4　裙子按结构线变化分类

（4）以褶、裥变化的裙子

用不同的褶来进行造型变化的裙子，如碎褶裙、规则褶裙、反向褶裙、对褶裙、单向褶裙（百褶裙），如图3-1-5所示。

| 碎褶裙 | 规则褶裙 | 反向褶裙 | 对褶裙 | 百褶裙 |

图3-1-5　裙子按褶、裥变化分类

二、裙子廓形、结构变化概述

1. 裙子廓形分析

裙子外轮廓线的造型直接影响着裙子的外形,按照裙子的外形状态可以把裙子分为四种类型:紧身裙、半紧身裙、斜裙和整圆裙。

2. 裙子基本构成分析

基本的裙子由前后裙片和腰头三个部分构成。裙片部分围裹在人体上,而腰头起着收腰口和使裙子固定在人体腰部的作用。基本的裙子是以三片结构为主,前片为整片结构,后片破后中缝。为了穿脱方便,要在裙子后中缝的腰口或侧缝的腰口装拉链,而为了便于行走则要在后中缝或侧缝开衩,有些裙则不需要开衩,如短裙、喇叭裙等。

3. 裙子省道分析

裙子是围裹在人体腰部以下的服装种类,它呈圆柱状围裹着人体的腰部、腹部、臀部和腿部。在裙子呈贴体状态时,其结构会受人体腹凸、臀凸和髋骨凸点的影响,腰臀差量因这些凸点的挺起程度的不同在这些部位的余量分布也不同。把腰臀差量在这些凸点部位做均衡处理之后,裙子在人体的腰、臀部才能呈现出合体的状态。根据人体结构特征可以发现,髋骨凸点处与腰部的差量最大,臀凸处次之,腹凸处最小,因此裙子腰部的省量分配大小依次为:侧缝省量 > 后身省量 > 前身省量。

4. 裙子结构线分析

结构线也称分割线,是服装设计中常见的一种造型形式,通过分割线对服装进行分割处理,可借助视错原理改变人体的自然形态,创造理想的比例和完美的造型。在服装设计中可运用分割线的形态、位置和数量的不同组合,形成服装的不同造型及合体状态的变化规律。

衣片中的结构分割线根据状态和作用的不同可分为装饰性结构分割线、装饰性和功能性相结合结构分割线。

装饰性结构分割线在衣片中只起到装饰的作用,而装饰性和功能性相结合的结构分割线除了具有装饰作用外,还同时具有塑型作用。常见的结构分割线可分为横向分割线、竖向分割线、斜向分割线、曲线分割线。

（1）竖向分割线的设计

竖向分割线从上至下呈竖向把裙片分割成一定数量的片,可以均衡分布,把裙片等分成一定数量的片,如6片裙、8片裙、12片裙、24片裙等;也可以呈不均衡状自由分布,把裙片分成若干大小不等的片。

（2）横向分割线的设计

横向分割线从左至右把裙片横向分割,横向分割线应围绕着腹凸和臀凸进行分割,可把省道合并在分割线中,形成育克造型。

（3）横向分割线和竖向分割线的组合设计

横向分割线和竖向分割线组合运用可使裙子的结构线得到丰富,可形成松紧对比的造型效果。

5. 褶在裙子结构设计中的运用

（1）褶的造型与分类

褶以其独特的造型,被广泛运用在裙装设计中,根据褶的不同形态,可以分为自然褶和规律褶。

（2）自然褶

自然褶可分为碎褶和波浪褶两种碎褶。

（3）规则褶

规则褶可分为顺风褶、塔克褶和裥。

三、女裙原型结构设计

1. 女裙原型款式

女裙原型是本书 11 款经典女裙款式造型的基础,具有造型简单、落落大方的造型特点,其效果图如彩图 3-1 所示,款式图如图 3-3-1 所示。

2. 女上衣衣身原型规格

本书以 160cm 身高女性为例,其裙子原型规格如表 3-3-1 所示。

表 3-3-1　女裙原型规格　　　　　单位：cm

部位	身高	裙长	腰围	臀围
规格	160	55.5	66	90

3. 女上衣衣身原型结构图制图步骤

前片结构图：

① 基本线：距图纸边 8cm 画一垂直线,如图 3-3-2 所示。

② 裙长线：距图纸边 3cm 画一水平线。

③ 腰围线：从裙长线向上量裙长数据。

④ 臀围线：从腰围线向下量总体高 ×0.1+ 3.5cm。

⑤ 侧缝直线：从基本线向左量臀围 /4 。

⑥ 侧缝劈进：从基本线向左量腰臀差 /10 － 0.3cm。

⑦ 前腰凹进：从腰围线向下量 1cm。

图 3-3-1　女裙原型款式图

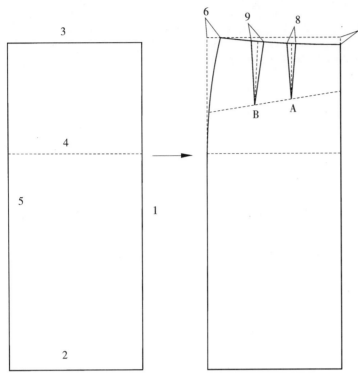

图 3-3-2 女裙原型前片结构图

⑧ 前腰省 A：从腰围线 1/3 为中心，省大按腰臀差 /20 + 0.1cm。

⑨ 前腰省 B：从腰围线 1/3 为中心，省大按腰臀差 /10 – 0.4cm。

后片结构图：

① 基本线：距图纸边 8cm 画一垂直线，如图 3-3-3 所示。

② 裙长线：距图纸边 3cm 画一水平线。

③ 腰围线：从裙长线向上量裙长数据。

④ 臀围线：从腰围线向下量总体高 × 0.1+3.5cm。

⑤ 侧缝直线：从基本线向右量臀围 /4。

⑥ 侧缝劈进：从侧缝线向左量腰臀差 /10 – 0.2cm。

⑦ 后腰凹进：从腰围线向下量 1.7cm。

⑧ 后腰省 A：从腰围线 1/3 为中心，省大按腰臀差 /10 – 0.2cm。

⑨ 后腰省 B：从腰围线 1/3 为中心，省大按腰臀差 /10 – 0.2cm。

⑩ 完成的女裙原型基本纸样如图 3-3-4 所示。

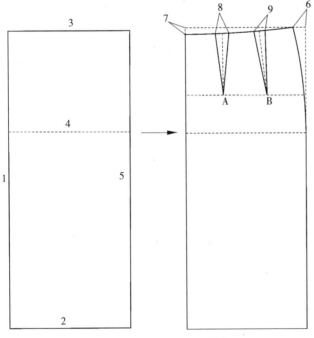

图 3-3-3 女裙原型后片结构图

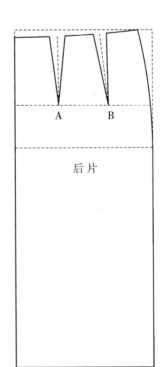

后片

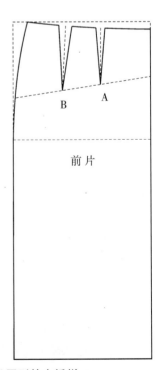

前片

图 3-3-4 女裙原型基本纸样

四、裙子结构设计应用

1. 时尚西装裙

款式特点：

时尚西装裙外轮廓是在西装裙造型的基础上增加了竖向分割线，同时增加了褶和叠层的设计，为风格严谨的西装裙增加了时尚活泼的新元素，打造出与众不同的别致造型。时尚西装裙效果图见彩图3-2，款式图见图3-4-1。

结构特点：

此款裙子的结构是在西装裙的基础上演变的，首先在裙原型上做出西装裙的外轮廓造型，腰臀部控制部位的数据控制在合体值的范围之内，下摆略微收进，裙长在膝盖以上10～15cm左右。再进行分割线和细节的设计：前裙片分为三片，分割线呈现上窄下宽的梯形造型，省道合并到分割线中，中间一片为有规则的叠片设计，叠片的第一层与腰线平齐，第二层到第四层的上端依次叠压车缝固定在裙片上，可以有效地修饰掩盖腹部的隆起，左右两侧的叠片为不对称弧线造型，制图时注意把握弧线的形状。时尚西装裙结构图见图3-4-2。

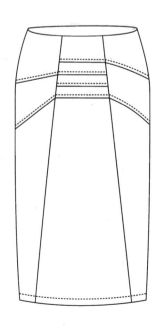

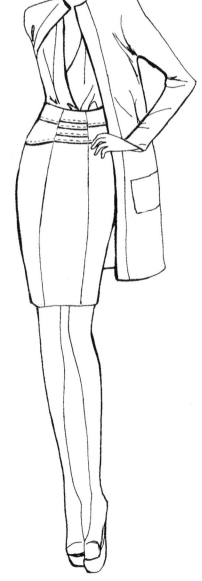

图 3-4-1　时尚西装裙款式图

适用面料：

适用成型效果好的、有一定厚度的面料，如毛料、呢料等面料。

工艺要点：

前片的叠层是此款裙子的制作难点，制作前需做好定位标记和定位线，按照做好的定位分层进行车缝，车缝时裙片和叠层片的松紧要保持一致，防止裙片出现皱缩。第二个制作难点是分割线，由于分割线呈斜向，车缝时容易拉伸变形，在车缝时需轻微向前推送。由于使用的面料较厚，后中的隐形拉链车线固定时不可离拉链齿过近，以避免出现拉合不畅的情况出现。裙子的底边采用面、里分离的工艺，裙面底边用里子布裁制的45°斜条包边折边扣烫手针缭边固定，里子的底边卷边车缝，拉线襻固定面和里。

表 3-4-1　时尚西装裙规格　　　　　　　　　　　　　　　　单位：cm

部位	裙长	腰围	臀围
规格	48	70	92

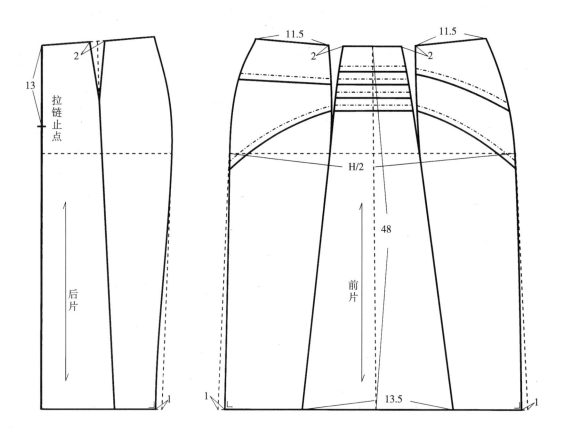

图 3-4-2　时尚西装裙结构图

2. 休闲百褶裙

款式特点：

小 A 形外轮廓,规则排列的对褶是此款裙子的造型亮点。休闲百褶裙效果图见彩图 3-3,款式图见图 3-4-3。

结构特点：

首先在裙原型的基础上把省道转换至下摆,做出 A 形裙基本型,再按照褶的数量进行等分排列,在褶位处进行平行切展加量,做出褶的结构,按照褶的倒向进行符号绘制。前后裙片结构相同,腰部根据造型进行对应处理。休闲百褶裙结构图见图 3-4-4。

适用面料：

适用有一定挺括感的面料,单色、花色均可。

工艺要点：

褶的制作是此款裙子的要点之一,在制作裙子时,需要先把褶按照定位标记和倒向标识进行折叠熨烫定型,再做腰、上腰。底边采用折边车缝的方法进行固定。

表 3-4-2　休闲百褶裙规格　　　　单位:cm

部位	裙长	腰围
规格	48	70

图 3-4-3　休闲百褶裙款式图

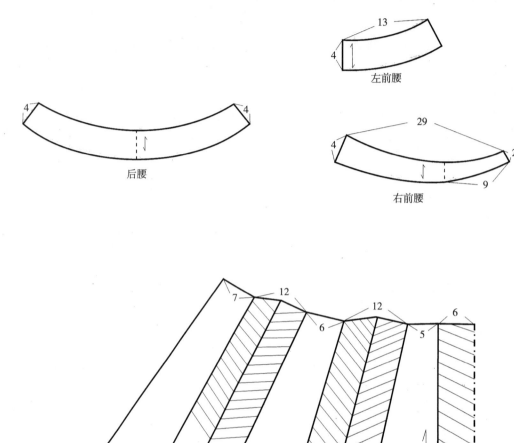

图 3-4-4　休闲百褶裙结构图

3. 蝴蝶结波浪裙

款式特点:

大 A 廓形,裙摆呈自然波浪造型,简单大方,飘逸浪漫,蝴蝶结的运用增加可爱度,给人一种甜美的感觉。蝴蝶结波浪裙效果图见彩图 3-4,款式图见图 3-4-5。

结构特点:

裙子的裙片为 45° 正斜,结构设计有两种方法。

① 把面料按 45° 正斜对角折叠,分别取腰围、裙长及摆围进行绘制,前后片结构基本相同。

② 在裙原型的基础上,把省道转到裙摆,转换成 A 形裙基本型,将腰围、臀围做对应等分,进行三角形切展加量,等分份数及加量大小根据造型确定。腰部蝴蝶结的位置要适中,偏前或偏后都会影响裙子的精致美感。蝴蝶结波浪裙结构图见图 3-4-6。

适用面料:

适用有垂坠感、飘逸、柔软的面料,如棉、麻、天丝、乔其纱等面料。

工艺要点:

缝制的过程中不能用力拉扯裁片,防止裁片变形,下摆用高密锁边机锁边或折边缝。因底边斜度过大,折边缝份量不可太宽,控制在 1~1.5cm 之间,可锁边后折缝也可进行卷边车缝。如使用高密度锁边机锁边则只需加放 0.5cm 的缝份。上腰时应将前后腰线适当拉伸上提,以增加波浪的自然造型。

图 3-4-5　蝴蝶结波浪裙款式图

表 3-4-3　蝴蝶结波浪裙规格　　　　　　　　　　　　　　单位：cm

部位	裙长	腰围
规格	55	70

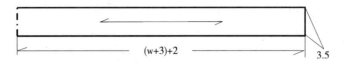

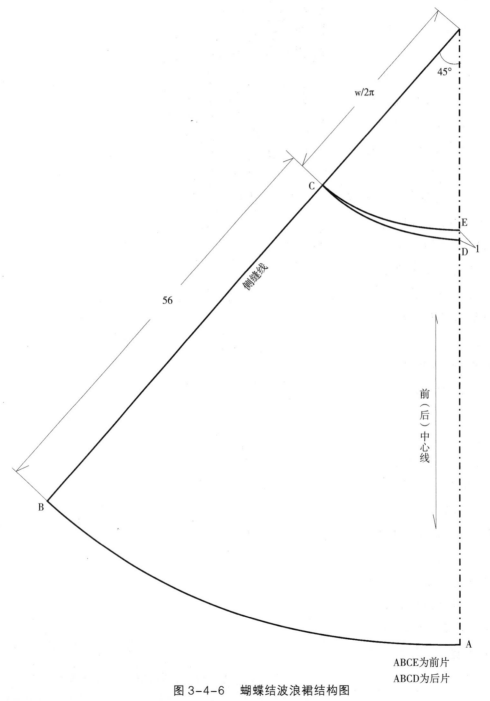

ABCE为前片
ABCD为后片

图 3-4-6　蝴蝶结波浪裙结构图

4. 分割百褶裙

款式特点：

分割线和规则褶的组合形成了此款裙子的造型特点。前身有左右两侧对称方型分割，采用45°斜裁，形成了正格和斜格的对比，同时与规则褶进行组合营造出一种动静对比的视觉效果。后片采用了横向分割与规则褶的组合。分割百褶裙效果图见彩图3-5，款式图见图3-4-7。

结构特点：

在A形裙基本型上进行结构变化，前身为方形分割与规则褶组合，后身采用了横向分割与规则褶组合，褶量可根据裙摆大小进行控制，褶量的最大值为褶间距的两倍。此款裙子分隔线以上较为合体，因此分割线与腰围线之间的距离要根据造型设计控制，过长会影响裙摆褶的成形效果，过短则会影响臀围处的合体程度。分割百褶裙结构图见图3-4-8。

适用面料：

适用成型效果较好的各种面料，如薄花呢、格呢、毛料等面料。

工艺要点：

前片方形分割线因为是斜向的，缝合时应使用嵌条衬固定，以防拉伸变形，规则褶按对档位进行折叠熨烫定型后与分割线部位车线缝合。

表3-4-4　分割百褶裙规格　　　　　　　　单位：cm

部位	裙长	腰围	臀围
规格	48.5	70	92

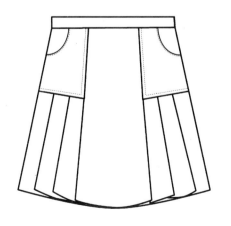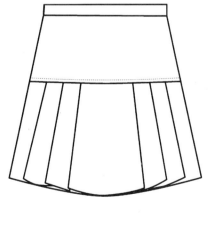

图3-4-7　分割百褶裙款式图

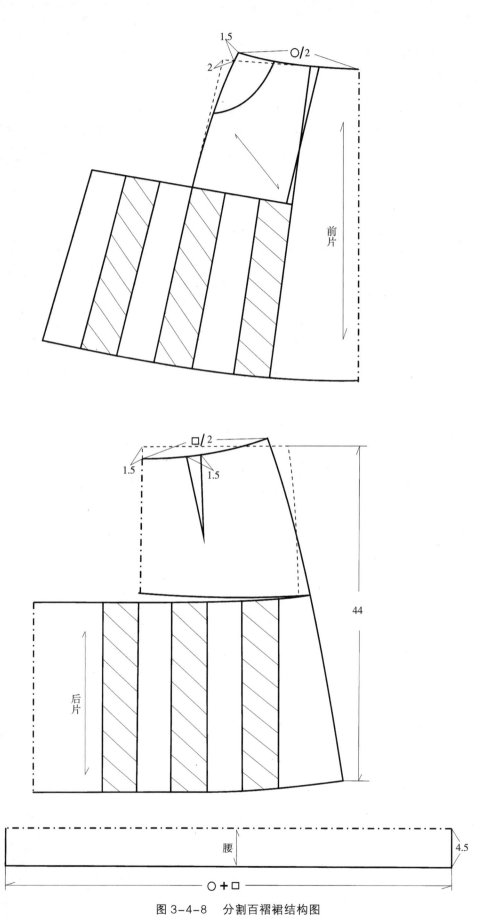

前片

后片

腰

1.5
2
○/2
□/2
1.5
1.5
44
4.5
○+□

图 3-4-8　分割百褶裙结构图

5.分割波浪鱼尾裙

款式特点：

从腰部至膝盖位置较为合体,裙摆展开像鱼尾的造型,优雅且具有动感。分割波浪鱼尾裙效果图见彩图3-6,款式图见图3-4-9。

结构特点：

在裙原型的基础上根据设计确定裙长,确定散开点,应在大腿的1/2处,太长会制约穿着者的行走,从散开点至裙下摆做锯齿状等量分割,在每一份分割量上再进行等分,在等分线处进行三角形切展加量,使每一份分割都呈现出自然的波浪状。分割波浪鱼尾裙结构图见图3-4-10。

适用面料：

适用飘逸、柔软的面料,如雪纺、乔其纱等面料。

工艺要点：

裙摆分割处是斜纱,缝制时要注意上下片的松紧适宜,下摆卷边缝或采用高密锁边机锁边。

表3-4-5　分割波浪鱼尾裙规格　　　　单位:cm

部位	裙长	腰围	臀围
规格	58	70	92

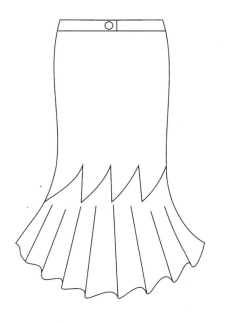
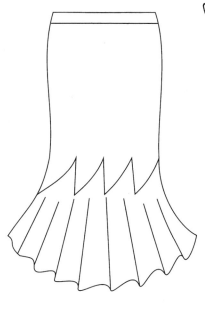

图3-4-9　分割波浪鱼尾裙款式图

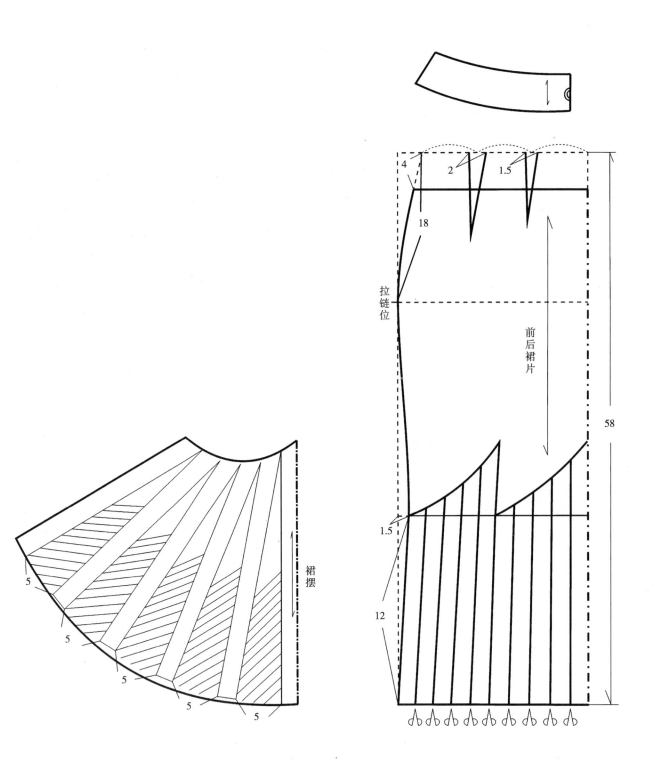

图 3-4-10　分割波浪鱼尾裙结构图

6.分割波浪大摆裙

款式特点:

裙子的外轮廓为波浪裙造型,前后裙片在波浪裙的基础上增加了分割线的设计,形成动与静、松与紧的对比,营造出知性、优雅的视觉效果。分割波浪大摆裙效果图见彩图 3-7,款式图见图 3-4-11。

结构特点:

此款裙子的造型亮点主要在前裙片上,首先把裙子基本型转换成 A 形裙基本型,再根据设计图进行分割线的绘制,弧线需自然流畅,分割线以下部位等分后进行三角形切展加量,使裙摆形成大的波浪状。前片为偏门襟造型。分割波浪大摆裙结构图见图 3-4-12。

适用面料:

适用有悬垂感、较为柔软的各种面料。

工艺要点:

弧线分割处为斜纱,车缝时需适当向前推送,防止拉伸变形,要和门襟都用衬定型,裙摆采用卷边缝的工艺车线固定。

表 3-4-6　分割波浪大摆裙规格　　　单位:cm

部位	裙长	腰围
规格	70	70

图 3-4-11　分割波浪大摆裙款式图

图3-4-12 分割波浪大摆裙结构图

7.休闲大摆节裙

款式特点:

呈大 A 廓形,裙身横向分割并加入抽褶,把 A 形裙和节裙组合在一起,休闲而具有动感。休闲大摆节裙效果图见彩图 3-8,款式图见图 3-4-13。

结构特点:

长度至小腿下 1/3 处,属于长裙类别,以分割线为界,把裙子分为 A 裙和节裙。A 裙部分可按 A 裙的结构设计方法进行设计,节裙部分按造型需要进行分层,第一层与分割线车缝固定,第二层与裙里下摆车缝固定,注意两层之间的重叠量要适当,第二层的上缘不可外漏,给人以节奏感。节裙部位可采用不同质感的面料,也可采用不同花色的面料产生组合变化,可获得丰富多彩的效果。抽褶量由面料厚薄和造型确定。休闲大摆节裙结构图见图 3-4-14。

适用面料:

适用有悬垂感、柔软飘逸面料,如棉、真丝、天丝、乔其纱、雪纺等面料。

工艺要点:

下摆节裙的缝制是此款裙子的制作要点,需要先抽褶,可用松紧底线车缝抽褶,也可把针距放到最大码沿边车缝后手工抽出碎褶,褶量要抽得均匀,疏密有致。节裙层片的下边缘可采用卷边压脚卷缝,也可锁边后折缝 0.5cm 宽的明线。

图 3-4-13 休闲大摆节裙款式图

表 3-4-7　休闲大摆节裙规格　　　　　　　　　　　单位: cm

部位	裙长	腰围	摆围
规格	97	70	250

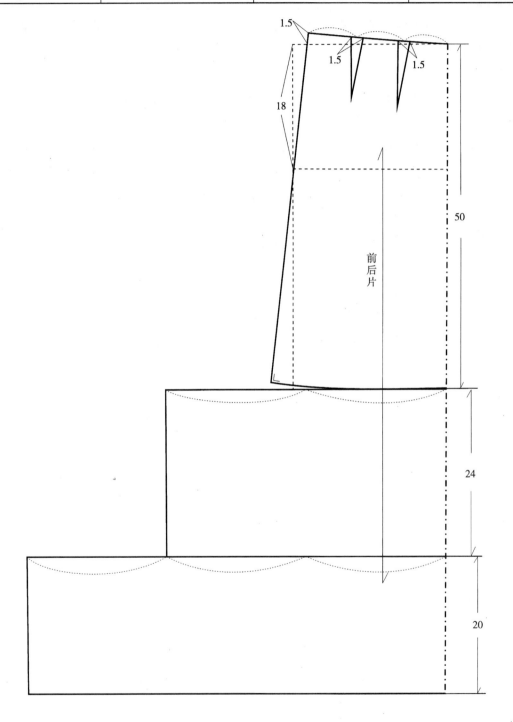

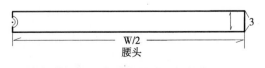

图 3-4-14　休闲大摆节裙结构图

8. A形连衣背心裙

款式特点：

A字形外轮廓，胸点以上有一横向分割线，下摆宽松自然。A形连衣背心裙效果图见彩图3-9，款式图见图3-4-15。

结构特点：

胸部分割线位于胸点上方，不可靠胸点太近，否则分割线以下的部位容易被胸部顶起而造成前身裙下摆翘起，分割线以下部位可采用波浪裙的结构设计方法进行等分、切展，按摆围的大小进行加量。A形连衣背心裙结构图见图3-4-16。

适用面料：

适用飘逸、柔软的面料，如雪纺、乔其纱等面料。

图3-4-15 A形连衣背心裙款式图

工艺要点：

缝制的过程中应保持上下片的层势一致，在选择缝纫线和机针时应考虑所使用面料的特性。领口、袖口边缘可采用贴边车缝，也可采用全里子对接，车缝明线时应按要求宽度进行车缝，注意线迹应宽窄均匀、一致。

表 3-4-8　A形连衣背心裙规格　　　　　　　　　　　　　　　　　单位：cm

部位	裙长	胸围	摆围
规格	77	104	210

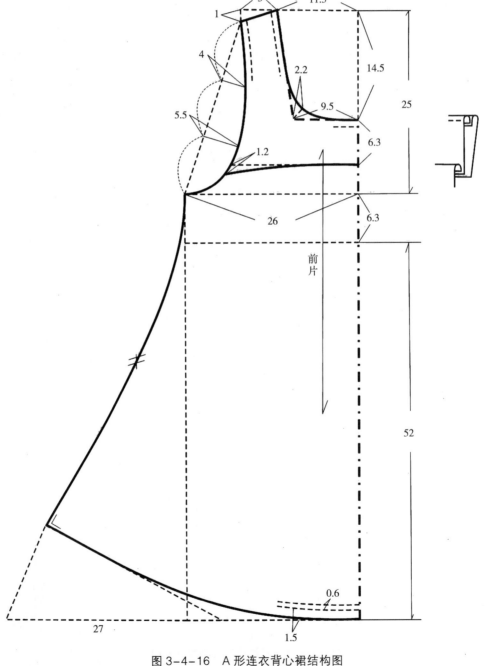

图 3-4-16　A形连衣背心裙结构图

9.腰部抽绳连衣裙

款式特点：

松身H形外轮廓，拖肩。腰部抽绳设计，是一款时尚休闲的连衣裙。腰部抽绳连衣裙效果图见彩图3-10，款式图见图3-4-17。

结构特点：

前后衣片采用了衬衫的结构，在衬衫衣片结构的基础上加长了长度，胸围量加大，袖窿深加深，使这个结构变得宽大、松身；在髋骨点处设计了抽绳位。腰部抽绳连衣裙衣身结构图见图3-4-18，袖子结构图见图3-4-19。

适用面料：

适用柔软、飘逸的纱质面料。

工艺要点：

抽绳设计是此款的亮点也是此款的工艺难点，用本布贴缝或面、里固定车缝出绳道，车缝时要保持松紧一致，不可出现斜向波纹，然后把做好的抽绳从绳道中穿出。明线保持宽窄一致。

表3-4-9 腰部抽绳连衣裙规格　　　　单位：cm

部位	裙长	胸围	摆围
规格	89.5	116	134

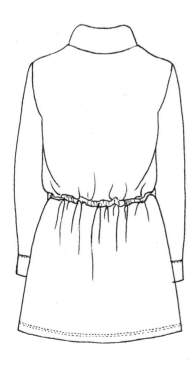

图3-4-17 腰部抽绳连衣裙款式图

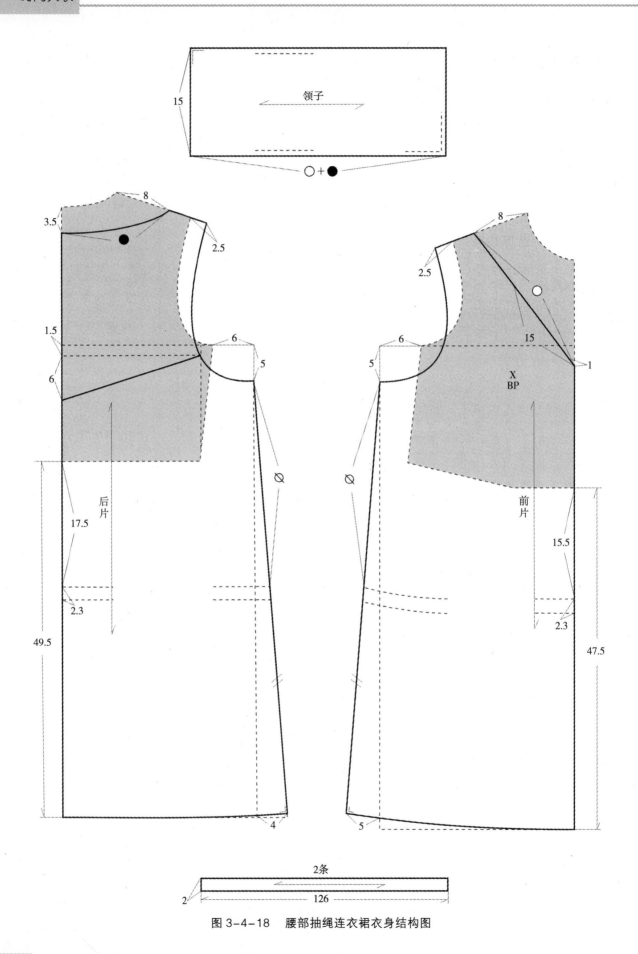

图 3-4-18　腰部抽绳连衣裙衣身结构图

10.荡领连衣裙

款式特点：

小 X 形外轮廓,合体修身,短袖,荡领,时尚雅致。荡领连衣裙效果图见彩图 3-11,款式图见图 3-4-20。

结构特点：

前裙片的荡领是此款裙子的设计亮点,荡量的大小可根据领子下垂的高度来确定,荡量越大,下垂的高度就越低。裙身采用了较为合体的控制数据,腰部有横向分割线,分割线以上用省道收身,分割线以下用褶的形式和省道对位,起到了修身保型的作用。荡领连衣裙结构图见图 3-4-21。

适用面料：

适用各种柔软略有厚度的面料,如真丝锻、砂洗真丝,厚麻纱等面料。

工艺要点：

前身领口处翻边折进,如果使用全里设计,领口需在折进后与里子连接。因使用的面料都较为柔软,车缝时需注意上下层片的松紧一致,袖口、底边采用卷边缝工艺车缝固定。

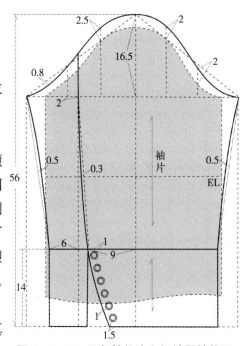

图 3-4-19　腰部抽绳连衣裙袖子结构图

图 3-4-20　荡领连衣裙款式图

表 3-4-10   荡领连衣裙规格   单位：cm

部位	裙长	胸围	腰围
规格	102	99	84

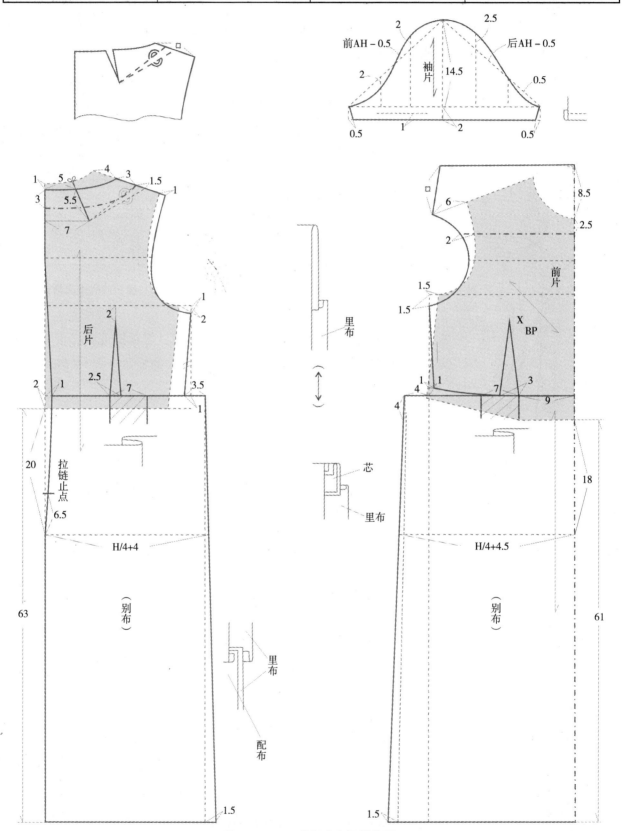

图 3-4-21   荡领连衣裙结构图

11. 花苞形连衣裙

款式特点:

花苞廓形,上身别致的分割造型,裙身采用对称的规则褶塑造出花苞的造型,时尚个性。花苞形连衣裙效果图见彩图3-12,款式图见图3-4-22。

结构特点:

连袖设计,从肩点向下10cm左右,包裹住上臂较粗部位,从袖窿下1/3处过胸点至腰线做微弧型分割线,把胸省量和腰胸省量合并到此分割线中。圆领,从领口向侧缝方向做弧线型分割线,与第一道分割线相交,前中形成菱形分割造型。下身裙片左右规则褶对倒,夸张臀部造型,裙下摆收口,塑造出花苞形状。花苞形连衣裙结构图见图3-4-23。

适用面料:

适用略带弹力、柔软的面料,如棉针织、涤针织或机针类面料等。

工艺要点:

裙身左右片的抽褶状态要一致,以免形成不对称的外观,影响整体造型。右侧装隐形拉链时应使用单边压脚,缝线距拉链齿的距离要适当,太远会露拉链,太近会破坏拉链的拉合顺畅。

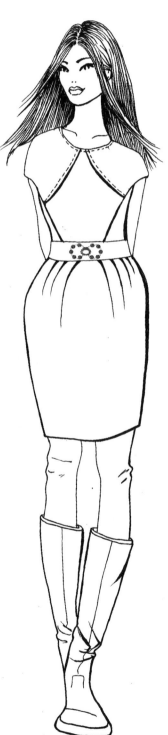

图 3-4-22　花苞形连衣裙款式图

表 3-4-11　花苞形连衣裙规格　　　　　　　　　　　　　　　　单位：cm

部位	裙长	胸围	腰围
规格	100	96	78

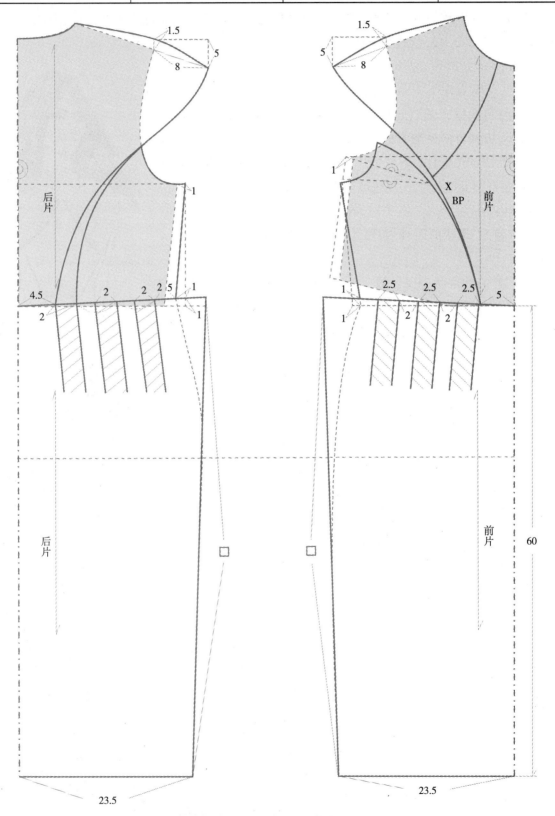

图 3-4-23　花苞形连衣裙结构图

参考文献

1. 刘瑞璞,王俊霞.女装款式和纸样系列设计与训练.北京:中国纺织出版社,2010
2. 吕学海.服装结构原理与制图技术.北京:中国纺织出版社,2008
3. http://www.sxxl.com